Papierflieger

DAS GROSSE INTERNATIONALE PAPIERFLIEGER-BUCH

von
Jerry Mander, George Dipple
und Howard Gossage

Der offizielle Bericht über, eine Analyse von und eine Anleitung zum Fliegenlassen der erfolgreichsten Papierflieger vom 1. Internationalen Papierflieger-Wettbewerb des SCIENTIFIC AMERICAN, abgehalten im Winter 1966/67, einem Ereignis, das bereits einen gebührenden Platz in der Geschichte der Luftfahrt eingenommen hat.

Erzählt von Männern, die dabei waren. (Illustriert und mit Anmerkungen versehen.)

Heinrich Hugendubel Verlag

Titel der Orignialausgabe: The great international paper airplane book

9. Auflage, Oktober 1982
ISBN 3-88034-086-2

Druck: Hofmann-Druck KG, Augsburg

Zueignung

Die Autoren widmen dieses Buch Captain Fear God Bascomb aus New Bedford im US-Staat Massachusetts, der den ersten Schreibblock mit liniertem Papier am 1. Mai 1743 aus China mitgebracht hat. Es ist nicht übertrieben zu behaupten, ohne Captain Bascomb wäre der Papierflieger, wie wir ihn heute kennen, nicht möglich geworden.

Danksagung

Seit Abschluß des 1. Internationalen Papierflieger-Wettbewerbs lautete die häufigste Frage, die den Autoren Gossage, Mander und Dippel (dem Erfinder des ganzen, dem Verfasser der Aufrufe und dem Graphiker) gestellt wurde:

„Wie habt ihr es bloß geschafft, eine seriöse und anerkannte Wissenschaftszeitschrift wie den *Scientific American* für eine solche Sache zu gewinnen?“

Wir sind jetzt befugt, die wahre Geschichte zu erzählen:

Die Idee wurde beim Lunch in einem New Yorker Restaurant ausgebrütet; anwesend waren Howard Gossage, Gerard Piel (Herausgeber des *Scientific American*) und Stephen Fischer (stellvertretender Herausgeber der Zeitschrift).

Einer der Herren sagte, „warum sollten wir nicht einen Papierflieger-Wettbewerb im Blatt veranstalten?“. Ein anderer sagte: „Warum nicht?“ Und vom Drum und Dran abgesehen – das war's.

Der Geist der Stunde flog mit Gossage in einem metallnen Flugzeug nach San Franzisko zu seinen Mitarbeitern Jerry Mander und George Dippel von der Shade Tree Corporation, und der Rest ist Historie. Doch bevor wir diesen historischen Ablauf auf den folgenden Seiten schildern, möchten die Autoren zunächst Herrn Piel danken, dem *häufig* das Verdienst zugeschrieben wird, den *Scientific American* zu seiner gegenwärtigen Bedeutung als eine der wenigen mit Hochachtung betrachteten Publikationen in der Welt gebracht zu haben, der jedoch *weniger häufig* für die Tatsache gelobt wird, daß er dies fertiggebracht hat, ohne die gräßliche Selbstüberheblichkeit, die andere große Männer oder Einrichtungen davon abhält, dann und wann einmal einen Papierflieger-Wettbewerb oder ähnliches zu inszenieren.

Wir haben die Erfahrung gemacht, daß die größten Denker, mit denen wir es zu tun bekamen auch stets die größte Bereitschaft an den Tag legten, ein so frivoles Projekt zu unterstützen; dies ist fraglos dem Tatbestand zuzuschreiben, daß diese Menschen in der Lage sind, die ganze Tragweite solcher Unternehmungen für die Zeit in der wir leben zu erkennen. Gerard Piel also sei gedankt.

Nachdem dies erledigt ist, sollten wir darauf hinweisen, daß die tägliche Praxis eines solchen Wettbewerbs – vor allem das Katalogisieren und die Flugerprobung von 12000 Modellen, die Publicity-Verpflichtungen, die sich daraus ergeben und die Organisation der unzähligen regionalen Wettbewerbsveranstaltungen wie sie von American Airlines und dem San Francisco Chronicle verwirklicht wurden – alles andere als einfach war. Die Autoren sind darum voller Respekt und Dankbarkeit gegenüber Mister Stephen Fischer und Mister William Yokel, den Flugzeugdesign-Koordinatoren des *Scientific American,* weil diese Herren die ganze Last der Tests auf sich genommen haben und nicht, wie wir ständig befürchtet hatten, alles nach San Franzisko geschickt haben.

Ohne diese Männer hätten die Autoren, die das Monster erschaffen hatten, nach Anguilla oder sonstwo hin fliehen müssen, um nicht unter einem Berg von Papierfliegern begraben zu werden.

Die Autoren und Herausgeber danken den folgenden Personen und Institutionen:

A. A. Backstrom, Waldridge Bailey, Captain Barnaby, Bibliothèque Nationale, Robert Black, Black Star, D. L. Cairns, Esteban Cordero, John Craig, Joseph W. Dauben, Wanda Dillon, Fretz & Wasmuth Verlag AG (für *Das Kleine Buch vom Papierflugzeug* von Richard Katz), L. Groom, Leo Heisser, Y. Hihomiya, Frederick J. Hooven, Edward E. Keyse, Andrew Kimball, Curtis D. Kissinger, Edmund V. Laitone, Clifford Lang, Library of Congress, Fukuo Misumi, Rev. M. Eugene Mockabee, Musée de L'Air, Nasza Ksiergarnia (für *Duza Ksiazka o Malych Samolotach* von Pawel Elsztein), Jim Noble, William Pain, George Peck, Robyn Reinen, Dennis Rietz, Ben Rose, Frank Rosenberg, Royal Aeronautical Society, Prof. James Sakoda, George S. Schairer, Tim Schisler, Louis W. Schultz, David Segal, Cliff Speck, Ronald R. Thompson, S. J. Tweedie, W. Heffer & Sons Ltd. (für *Paper Aeroplanes* von H. G. G. Herklots), Mark B. Wanzenberg, Wide World Photos Inc., F. D. Woodruff, Mary Sue Wunderlich, Mr. Yolen.

Inhalt

Anmerkung des Bearbeiters und Übersetzers 11

Vorwort 15

Einleitung 19

Kurzgefaßte Anmerkungen zur Geschichte der Aeronautik 27

Prolog
Ein Tribut an Rufus Porter, den Erfinder des Flughafens 29

Kapitel 31

Anlage I
Briefe 33

Modelle 49

Anmerkung des Bearbeiters und Übersetzers

Mit kosmopolitischem Stolz nannte sich die Aktion des *Scientific American 1. Internationaler* Papierflieger-Wettbewerb, und es gab ja auch Zusendungen von außerhalb der USA; doch in Wahrheit ist sie so amerikanisch wie Popcorn gewesen. Eine Schnapsidee wurde von einer seriösen Wissenschaftszeitschrift verwirklicht und daran beteiligten sich nicht minder seriöse Wissenschaftler von Rang. Dies allein schon wäre in einem anderen Land kaum möglich gewesen. Aber die Begeisterung, die auch dann noch bei den ehrenamtlichen Helfern anhielt, als der Spaß zur Schwerstarbeit in vielen Überstunden neben dem Beruf ausartete, bei den Studenten wie den Professoren, den Sekretärinnen wie den Firmenchefs, das war Yankee Spirit in seiner besten Form.

Mir gefällt es besonders gut, daß als Preis nicht mehr zu gewinnen war als ein billiges Souvenir, den Leonardo: eine Hand, die einen Papierflieger wirft, auf einem Sockel montiert. Davon könnte so mancher Wettbewerbs- oder Fernsehquizveranstalter lernen.

Und auch davon: Das große Finale, das Fly-off in der Hall of Science in New York, wurde nicht zur Gaudi, keine Show mit Gesangseinlagen, keine Festsitzung mit bombastischen Reden, sondern lief als schlichter Test über die nicht vorhandene Bühne, gewiß in fröhlicher Laune, aber doch mit Fairneß und einem Schuß wissenschaftlicher Ernsthaftigkeit.

Auch das Buch spiegelt bei aller satirischen Behandlung des skurrilen Gegenstands jenen Hauch von nicht ganz ernst zu nehmendem Ernst wieder, den die Engländer ihren auswandernden Landsleuten mit auf den Weg in die Neue Welt gegeben haben.

Eines mutet im Text etwas übertrieben an: die immer wiederkehrende Verhonepiepelung des Überschallflugzeugs SST, das sich zu jener Zeit in der ersten Entwicklungsphase befand. Damals, 1967, war die Entscheidung der Regierung gegen den Bau der superschnellen Passagiermaschine noch nicht gefallen – eine der vernünftigsten seit Ausbruch des technischen Zeitalters. Wie richtig diese Entscheidung war, wird an den wachsenden finanziellen Verlusten deutlich, die von der Concorde eingeflogen werden. Doch zu jener großen Zeit des Papierflieger-Wettbewerbs galt wie gesagt das Überschallflugzeug noch als zukunftsträchtiges Projekt. Ergo stand es im Mittelpunkt der Diskussion, zumal ihm viele Fachleute mit Skepsis begegneten, allen voran der *Scientific American*. Wer die Delta-Flügel der heute verwirklichten sowjetischen und frankobritischen SSTs betrachtet, die denen des meistgefalteten Papierfliegers der Welt auf's Haar gleichen, wird verstehen, wie sehr dies damals zum Lästern aufmunterte.

Zur praktischen Seite. Die Faltmuster der Flieger lassen sich direkt auf dem zu faltenden Papier durchpausen, wenn es nicht allzu stark ist. Anderenfalls muß man sich halt mit Pauspapier behelfen. Mancher Leser mag es als unnötige Erschwernis empfinden, daß einige der Faltmuster so gar kein DIN-Format haben. Das liegt natürlich daran, daß die Modelle aus amerikanischem Schreibpapier, also aus dessen Format gefertigt wurden, und das entspricht nun einmal nicht der Deutschen Industrienorm. Weil aber ein Papierflieger in der Regel das Produkt langer Experimentalreihen ist, ausgeführt in Kinder- und Klassenzimmern, Fußballstadien und vor allem in Büros, und der Erfolg fast nur davon abhängt, ob die Proportionen stimmen, haben wir nicht gewagt, das Format zu ändern.

Was ein rechter Papierfliegerpilot ist, der scheut die kleine Mühe nicht, seinen Faltbogen mit zwei geraden Schnitten zu amerikanisieren. In vielen Fällen ist das Papierformat sowieso ohne Belang, weil die Flieger-Grundform rundum ausgeschnitten werden muß.

Die Papierstärke ist keineswegs unerheblich. Betrachtet man Papierflieger unter dem Blickwinkel der Evolution, dann leuchtet sofort ein, daß die Stärke von Schulheftpapier keine schlechte Näherung an das Ideal darstellen dürfte. Für hochgezüchtete Modelle freilich ist der Kopfbogen einer Firma vorzuziehen. Wegen der bedrückenden Mehrheit der Männer unter den Papier-Aviatoren (siehe hierzu das *Kapitel*) ist die Wahrscheinlichkeit, daß sich aus dem Papier von Stenoblocks funktionierende Modelle falten ließen, äußerst gering.

Solange die Proportionen gewahrt bleiben, ist nichts gegen eine Vergrößerung der Faltmuster einzuwenden. Hier empfiehlt sich als Baumaterial das Papier von Zeichenblocks. Denn mit der Größe des Flugzeugs wächst natürlich der Materialstreß im Quadrat.

Wir haben auf zwei Modelle der Originalausgabe verzichten müssen. Warum? Bestanden patentrechtliche Bedenken? Verbot der Stolz des Konstrukteurs die internationale Veröffentlichung? (Papierflieger-Ingenieure sind äußerst selbstkritisch.) Hat's der Chef oder die Ehefrau nicht erlaubt? Befürchtet gar der Konstrukteur eine militärische Ausbeutung seiner Ideen? Wir wissen es nicht. Mir jedenfalls hat diese Zurückhaltung ein unerwartetes Vergnügen beschert. Weil der Verleger nun einmal 20 Papierflieger-Modelle haben wollte, verbannte er mich mit einem Haufen Papier und einer Schere in die Klausur, die ich erst wieder verlassen durfte, nachdem ich zwei flugtaugliche Papierflieger erfunden und getestet hatte.

Was dabei herauskam – je nun, Sie werden es ausprobieren. Angesichts der überragenden Repräsentanz von Aeronautik-Profis unter den Siegern des Wettbewerbs hatte ich von vorneherein keine Chance. So bitte ich den Leser um Nachsicht bei meinen beiden Vögeln. Sie reagieren sehr empfindlich auf geringfügige Veränderungen der Klappen – was übrigens für richtige Profi-Modelle auch zutrifft. Ich selbst kann meine Werke fabelhaft werfen, aber wie wenig davon zu halten ist, lesen Sie in der zweiten Anzeige des *Scientific American* (Seite 24).

Ich habe alle Modelle ausprobiert. Mein Favorit: Flieger 13. Er gleitet charmant dahin, nimmt eine paar kleine Aufwinde mit kokettem Wippen wahr und landet in sanftem Schwung, wie ein Pelikan.

Und damit: Guten Flug.

Thomas v. Randow

Vorwort

Im Jahre 1931 veröffentlichte der englische Verlag W. Heffer & Sons Ltd. in Cambridge eine Sammlung von Essays mit dem Titel: „Papier-Flugzeuge“ von H. G. G. Herklots. Der erste Essay in dem Buch ist ebenfalls mit „Papier-Flugzeuge“ überschrieben. Die Autoren vermuten, daß dies der einzige Essay in englischer Sprache über dieses Sujet ist; aber über diese Einzigartigkeit hinaus ist er von historischer Bedeutung.

Dem Leser muß nicht erst gesagt werden, zumal wenn er das Erscheinungsjahr des Essays in Betracht zieht, daß dieser in vieler Hinsicht den Weg für dieses Buch bereitet hat. Herklots nämlich ist, wie Sie noch sehen werden, der erste, der sich in schriftlicher Form über die Dürftigkeit der publizierten Forschungsarbeiten über unseren Gegenstand beschwert hat.

Dieses Versagen der seriösen Wissenschaft hat ebenfalls an der Wiege des *Scientific-American*-Projekts gestanden. Mithin hat Herklots, als er schrieb: „Nirgendwo in der Literatur ist eine seriöse und langatmige Arbeit über Papier-Flugzeuge zu finden“, die Notwendigkeit des 1. Internationalen Papierflieger-Wettbewerbs vorausgesehen, immerhin 35 Jahre zuvor! (Siehe Seite 20.)

In der Zeit zwischen Herklots' Essay und dem Ereignis, über das wir in diesem Buch berichten werden, sind zwei weitere allgemeinverständliche Bücher erschienen, die sich mit weniger bedeutsamen Aspekten der Papierflieger-Theorie und -Entwicklung beschäftigen. Wir meinen hier „Duza Ksiazka o Malych Samolotach“ von Pawel Elsztein, das 1956 bei Nasza Ksiergarnia in Warschau erschien, und natürlich den Klassiker von Richard Katz: „Das kleine Buch vom Papierflugzeug.“

Die Methode des *Scientific American* unterschied sich jedoch von der Herklot's. Zum Beispiel war Herklots der Ansicht, die Papierflieger seien hauptsächlich ein Instrument für die Realitätsflucht, die beim Aufbau unserer Gesellschaft und Kultur eine große Rolle spiele.

In dieser Hinsicht läßt er eine Einstellung erkennen, die sich nicht mit der des *Scientific American* deckt, der keine so unsicheren, nicht durch die Erfahrung bestätigten Annahmen machen würde. Die Überschrift der zweiten Anzeige des *Scientific American* lautete: „Wenn wir wüßten, was wir daraus lernen können, wäre es keine Forschung, oder?“ (Siehe Seite 24.)

Herklots spricht das schockierende Thema der Vorurteile gegen Papierflieger-Konstrukteure an. „Sogar in der Schule habe ich für mein Hobby leiden müssen“, schreibt er, wiewohl in seinen Kreisen niemand etwa Golf-, Tischtennis- oder Rugbyspieler ausgelacht hätte.

Bevor der Leser von diesen Aussagen zu dem Schluß verleitet wird, Herklots könnte Paranoiker gewesen sein, möchten wir noch einmal darauf hinweisen, daß es sich um das Jahr 1931 handelt, eine Zeit also, in der England von einer schweren Depression heimgesucht wurde. Überdies war schon in ganz Europa eine zunehmende Vorkriegs-Spannung spürbar, die sich in einer Tendenz zur Kritik an allen Formen des freien Ausdrucks äußerte.

Heute ist uns eine solche Tendenz nicht bekannt.

Bei diesen Vorbemerkungen wollen wir es belassen und dem Leser die Möglichkeit geben, Herklots nach Herklots' eigenen Worten zu beurteilen:

„In diesen Tagen, in denen unsere Universitäten so viele eifrige und unermüdliche Forscher für alle Arten von außergewöhnlichen Gebieten ausbilden, bin ich ein wenig überrascht festzustellen, daß bislang niemand eine seriöse und langatmige Arbeit, Abhandlung, Dissertation oder Monographie darüber verfaßt hat, welche Rolle die Fähigkeit der Realitätsflucht beim Aufbau unserer Gesellschaft und Zivilisation spielt. Unlängst hat die Universität von Chicago die Doktorarbeit einer Frau über das überaus wichtige Thema des Geschirrspülens angenommen, gleichwohl bleiben wichtigere und weitergreifende Themen unbeachtet. So hat bisher noch niemand die traurige Geschichte des Reispudding geschrieben. Überraschend ist dies freilich nicht. Manche Gegenstände sind zu weitläufig als daß sie sich in eine Abhandlung pressen ließen. Nicht der langatmigste unserer Forscher hat einen Atem, lang genug, um auch nur die Umrisse des Felds der Realitätsflucht zu umreißen. Denn die Geschichte dieser Flucht ist die Geschichte der meisten Sünden und Künste der Menschen. Die gesamte Welt sehnt sich ständig nach den Flügeln der Taube, mit der sie entfläuchen kann, nicht unbedingt in die Wüste, sondern irgendwohin, solange es woanders ist. Weil wir solche Abwechslung lieben, pfeifen und johlen wir bei Cricketspielen. Aus dem gleichen Grund spielen wir Golf oder gehen wir ins Kino oder tun wir das, was die Viktorianer *brown studies* nannten, das sich in Gedanken Verlieren. Um der Realität zu entfliehen, betrinken wir uns oder, wenn wir Kublai sind und in Xanadu wohnen, bauen wir uns einen Glückspalast. Die moderne Zivilisation beschäftigt Hunderttausende bezahlte Ablenker des Geistes, damit sie neue Welten erschaffen, phantastische oder absurde, fremdartige oder entsetzliche, in denen wir vergessen sollen, was wir morgen zu tun haben und was So-und-so gestern Nachmittag zu uns gesagt hat. Philosophische Spekulationen und metaphysische Beruhigungen dienen demselben Zweck. Musik und die anderen Künste – sie sind auch die Flügel der Taube, mit denen wir entfliehen. Was mich betrifft: Wenn ich mit der Welt uneins bin, wenn mich morgen früh besonders schwere Arbeit erwartet, wenn das, was So-und-so gestern nachmittag zu mir sagte, besonders gallig war, wende ich mich selten diesen Dingen zu. Ich falte Papierflieger. Unter Papierfliegern verstehe ich nicht etwa Papierpfeile. Diese Pfeile sind leicht anzufertigen, aber sie geben nur wenig Befriedigung. Du wirfst sie und sie fliegen geradeaus; das ist alles. Mit dem Papierflieger ist das ganz anders. Präziser gesagt, es ist ein Papiersegler. Du wirfst ihn nicht. Du läßt ihn von der Hand gleiten –

oder gibst ihm einen kleinen Schubs; und sein Gewicht zieht ihn vorwärts, leicht und anmutig, wie eine Seemöve, die auf das Deck eines Schiffs segelt. Vor kurzem erst war es noch ein Blatt Schreibpapier, aber jetzt ist es der prachtvollste aller weißen Vögel. Ein perfekter Flug freilich verlangt oft unendliche Geduld, ein Falten und Umfalten, ein Schneiden und Umschneiden mit der Schere. Von den Papierpfeilen gibt es, so viel ich weiß, nur eine Form.

Die Vielfalt der Papierflieger ist schier endlos. Da gibt es Eindecker und Doppeldecker, Flieger, die wie Käfer aussehen oder wie Vögel, Flieger die hurtig und geradeaus fliegen und solche, die langsam auf Kreisbahnen gleiten. Es gibt Flieger, die Loopings vollführen. Flieger aus Seidenpapier können so klein und grazil sein, daß man sie selbst im Eßzimmer aus den Augen verliert.

Trotz alledem bin ich praktisch ein einsamer Flieger. Es gibt kein Jahrbuch mit Konstruktionsvorschlägen. Fleischer, Bäcker, Kerzenhalter-Hersteller, Antivivisektionisten, Aquaristen und See-Aufseher, Leute der Nahrungsmittel-, Koch- und Beschaffungsbranche, moderne Geistliche und Menschen, die sich für die Wiederverwendung von Alt-Material begeistern – sie alle haben ihre Spezialzeitschriften, in denen sie ihre Probleme diskutieren können. Doch nie habe ich „Der Papierflieger“ entdecken können, das Blatt, in dem ich meine Probleme diskutieren könnte: das Problem der Höhenruder, das Problem der Steuerung in der Luft, die spezifischen Probleme des Fliegens im Freien, die Ratsamkeit der Verwendung von Büroklammern aus Metall für die Gewichtsverstärkung. Und ich bin nicht nur ein einsamer Flieger; ich bin auch ein verfolgter Flieger. Niemand lacht über Golf, niemand lacht über Rugby; wenige Leute lachen heutzutage über Ping Pong, und wenngleich manche über Schach meckern, so respektieren sie es doch. Aber als mich meine Freunde dabei überraschten, als ich die Flügel eines Papierfliegers zurechtstutzte, lachten sie mich aus. Selbst in der Schule hatte ich unter meinem Hobby zu leiden. Das war 1918, wir hatten alle Grippe. Im Internat, das sich schnell in eine Krankenstation verwandelt hatte, vertrieb ich mir die Zeit mit dem Anfertigen von Papierfliegern. Nach einiger Zeit hatte ich Mut bekommen, sie aus dem Fenster auf den Hof fliegen zu lassen. Ich hatte Sorge, man würde mich deshalb verprügeln, doch die Strafe fiel weitaus subtiler aus. In einer späteren Ausgabe der Schülerzeitschrift stand eine sarkastische Glosse über den abstoßenden Müll, den diejenigen verursacht hatten, die Pfeile auf den Hof von Wright Senior Quad geworfen hatten. Pfeile! Sie nannten meine Flugzeuge Pfeile. Das war das Allerschlimmste, eine Wunde die tiefer einschnitt als alle Prügel der Welt. Bis heute wage ich es nicht meine Flugzeuge am Tag aus dem Fenster auf die Straße fliegen zu lassen. Die öffentliche Meinung würde es nie ertragen. Manchmal allerdings lösche ich bei Nacht das Licht in meinem Zimmer, ich schleiche mich ans Fenster und öffne es. Und während alles still um mich her ist, beobachte ich, wie meine taubengleichen Kreaturen davonschweben oder in Schwüngen auf die Erde niedergleiten, trotzig dem Wind entgegen, oder wie sie ihren Weg in die nächste Straße finden. Danach schließe ich das Fenster, ziehe die Vorhänge zu, schalte das Licht ein und räume die abstoßende Unordnung in meinem Zimmer auf.

Ich beschwere mich darüber, daß mir nie eine Chance gegeben wurde. Niemand unterstützt mich, hilft oder rät mir. Keine Zeitung schreibt einen großen Preis für einen Wettbewerb aus. Ja, es findet sich nicht einmal eine Zeitung bereit, meine Abenteuer mit der Schlagzeile zu bedenken: *Einsamer Flieger überquert die Bolsover Street.* Wenn ich oben auf der Gallerie im Theater saß, hat der Gedanke an Papierflieger mein Herz oft genug höher schlagen lassen. Mit einer Schere könnte ich sein Flugprogramm so zurechtschneiden, daß er sich über die Logen hinweg heben und auf die Bühne segeln würde. Aber auch hier hätte ich die gesamte öffentliche Meinung gegen mich. Man würde mich auslachen und fortjagen. Zwei Kommunisten sind festgenommen worden, weil sie Flugblätter von der Gallerie des Unterhauses heruntergeworfen haben; ich weiß also, was mir blühen würde, wenn ich anfangen würde, Papierflieger zu starten. Ich bin nur einmal in der Albert Hall gewesen. Dort lauschte ich auf dem Balkon den mutigen Worten und schönen Reden. Doch ständig lauerte ein Gedanke in meinem Hinterkopf, der mir jedesmal während der Täler zwischen den Höhen meiner Begeisterung voll bewußt wurde: das wäre der beste Ort in der ganzen Welt für Papierflieger. Leihe mir die Albert Hall für eine Nacht, und ich werde Dir Großartiges vorführen.

Manchmal bastle ich Papierflieger besonderer Art, solche die – vielleicht – den rechten Wind bekommen, um ihn über die Straße zu tragen, um die Ecke und in eine größere Welt dahinter. Das hoffe ich."

CABINET DES ESTAMPES, BIBLIOTHEQUE NATIONALE

Abb. 1: Der Ballon der Brüder Montgolfier

Einleitung

Am 12. Dezember 1966, einem Tag, an dem sonst nicht viel los war, erschien auf Seite 37 der *New York Times* eine ganzseitige Anzeige der Lockheed-California Corporation, die den Lesern nahelegte, es wäre im Hinblick auf Amerikas Außenhandelsbilanz eine rundum gute Idee, wenn das Volk Druck ausübte, damit die Entwicklung des Überschall-Passagierflugzeugs (SST) abgeschlossen würde.

Denn, so die Anzeige, wenn es kein amerikanisches SST gäbe, dann wären die so sehr auf Schnelligkeit bedachten US-Fluglinien gezwungen, die anglofranzösische Concorde zu kaufen, was die Außenhandelskrise verstärken würde. Auch dürfte man nicht das „sowjetische SST (TU-144) ignorieren, das sich ebenfalls in der Entwicklung" befände, wie die Anzeige in aller Selbstbescheidung zu verstehen gab.

Soweit die Seite 37. Wir wenden uns jetzt Seite 38 der *New York Times* zu.

Bis heute ist es ein Geheimnis, wer die Person war, die in der Anzeigenabteilung der *New York Times* am 11. Dezember dafür gesorgt hat, daß die Anzeige des *Scientific American* ausgerechnet gleich hinter die der Lockheed Corporation plaziert wurde. Man hat dem *Scientific American* wiederholt vorgeworfen, man habe dort von der Lockheed-Annonce gewußt, und ohne Zweifel wurde Lockheed verdächtigt, seine Anzeige direkt vor die des anderen Kunden lanciert zu haben. Beide dementieren solche Absichten und verweisen diejenigen, die danach forschen, an andere Stellen.

So geriet ein weiteres Mysterium in die Annalen des Flugwesens.

Gegen neun Uhr am 12. füllten sich die sonst eher ruhigen Büroräume des *Scientific-American*-Herausgebers Gerard Piel mit Massen von Journalisten. Um 10 Uhr 30 hielt es Herr Piel für notwendig, die Presse in einen größeren Raum zu einer Konferenz zu bitten.

Er wurde gefragt, ob er einen Spion in die Anzeigenabteilung der *Times* ge-

BLACK STAR–WERNER WOLFF

Abb. 2: Gerald Piel, Herausgeber des *Scientific American* mit einem Papierflieger.

Der *Scientific American* ruft zur Teilnahme auf:
Ist es möglich, daß es einen Papierflieger gibt,
der dem SST um 30 Jahre voraus ist?

1. Internationaler Papierflieger-Wettbewerb

Scientific American widmet sich hauptsächlich der Frage, welchen Weg die Menschheit gegenwärtig einschlägt, und unsere Leser sind bekannt dafür, daß sie mehr reisen als die anderer Zeitschriften. So ist es nicht verwunderlich, daß wir uns viele Gedanken über die beiden Konstruktionsentwürfe für das Überschallflugzeug SST gemacht haben, die von Boeing und Lockheed unlängst vorgelegt wurden. (S. Abb. 1 und Abb. 2.)

Abb. 1: Lookheed SST

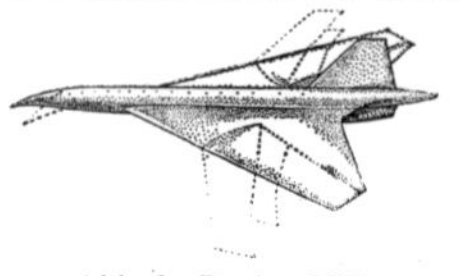

Abb. 2: Boeing SST

Bald werden wir mit Mach 2,7 durch dünne Luft fliegen, das heißt: von New York nach London in 150 Minuten. Welche Aussichten!

Nachdem wir unsere Überlegungen abgeschlossen haben, blieb doch eine lästige Frage unbeantwortet: Hatten wir diese Konstruktion nicht schon einmal gesehen?

Natürlich hatten wir. Papierflieger. Die Abbildungen 3 und 4 illustrieren nur zwei der klassischen Papierflieger-Konstruktionen, die etwa in den zwanziger Jahren benutzt wurden. Ihre Leistung betrug mindestens 5 Meter und 4 Sekunden.*

Wir beabsichtigen nicht die Integrität der Leute bei Boeing und Lockheed oder ihre Verwendung der traditionellen Formen in Frage zu stellen. Aber wir finden es ungerecht, daß einigen Millionen Papierflieger-Konstrukteuren in der ganzen Welt nicht ebenfalls gegeben wird, was ihnen zusteht, nämlich die Anerkennung ihrer Leistung, die, hätten man sie vor einigen Jahren gewürdigt, den Experten so manche schwere Stunde am Zeichentisch erspart hätte.

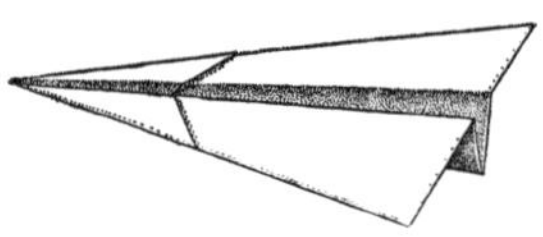

Abb. 3: Der klassische Papierflieger, ca. 1920. Anmutiger, eleganter Flug.

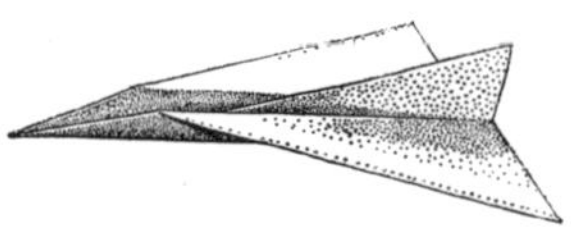

Abb. 4: Erstmals in den 30er Jahren von Papierfliegerkonstrukteuren entwickelt. Bekannt für eine außergewöhnliche pfeilartige Bewegung. Zu beachten ist die krumme Nase.

Je nun, angesichts der Konstruktion, die sich selbst eingeholt hat, können wir jetzt postulieren, daß in diesem Augenblick durch irgendeinen Hausflur oder vom oberen Rang eines Kinos in Brooklin das Flugzeug fliegt, das SST um 30 Jahre veraltet erscheinen läßt. Nein?

Bedenken Sie: Seit Leonardo da Vinci hat es nicht eine solche Fülle von Forschungserfahrung und Experimentalergebnissen gegeben, die von der interdisziplinären Forschung unbeachtet und unpubliziert geblieben ist. Papierflieger-Herstellen ist zu einer jener heimlichen Aktivitäten geworden, derer man hinter verschlossenen Türen frönt. Jeder tut's, aber niemand kennt die Erfahrungen des anderen.

Häufig hatten wir Gelegenheit, einen virtuosen Papierflieger um eine Flurecke unseres Bürohauses schweben oder über dem Schreibtisch aufsteigen zu sehen. Bei einer Gelegenheit, die wir nie vergessen werden, kurvte einer die Treppe herunter nach links und drehte dann plötzlich nach rechts ab – er blieb insgesamt 12 Sekunden in der Luft (siehe Abb. 5).

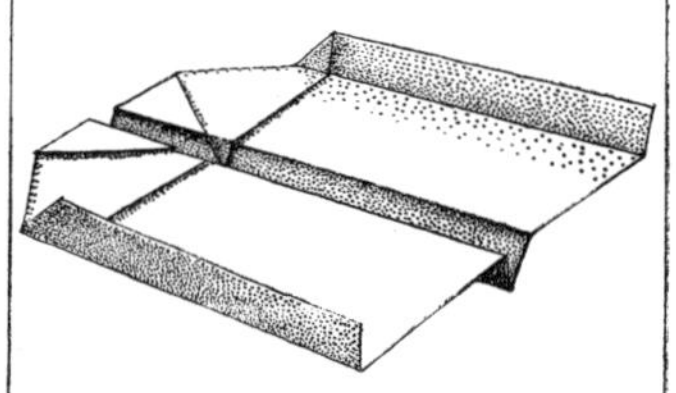

Abb. 5: Dieses aus dem Gedächtnis gezeichnete Flugzeug wurde zuletzt im 12. Stock in 415 Madison Ave. gesehen. Kennen Sie den Konstrukteur? Wo ist er?

Doch wer ist der Konstrukteur? Ist er ein Vorstandsvorsitzender oder ein Bote? Und was hat er in der letzten Zeit vollbracht?

In einem Wort: Um diese Informationslücke zu füllen und im Hinblick auf die Möglichkeit, daß die Zukunft der Aeronautik heute schon als Papierflieger herumschweben kann, rufen wir hiermit zur Beteiligung an dem 1. Internationalen Papierflieger-Wettbewerb auf.

* In Papierflieger-Kreisen bedeutet eine *bessere* Zeit eine *längere* Zeit. Wenn ein Flugzeug 15 Sekunden lang in der Luft bleibt, also von der Luft getragen wird, das *ist* ein Erfolg, wie dies ja auch ein Erfolg für die Brüder Wright war. Man könnte nun annehmen, daß die heutigen Konstrukteure, die bestrebt sind, mit ihren Flugzeugen so schnell wie möglich von hier bis dort und wieder herunter zu kommen, an der Untersuchung von Papierfliegern oder an den Gebrüdern Wright nicht sonderlich interessiert seien. Betrachtet man jedoch die Abbildungen, so muß diese Annahme als falsch erkannt werden.

schickt hätte. „Nein, das haben wir nicht getan", war seine Antwort.

Er wurde gefragt, ob der Wettbewerb ein kaum verschleierter Protest gegen die SST-Entwicklung sei. „Wir sind für die Wissenschaft", antwortete Piel und warf dabei einen Papierflieger.

Ein Berichterstatter wollte wissen, ob eine „Papierfliegerlücke" etwa zwischen der Sowjetunion und den Vereinigten Staaten bestünde und wenn ja, welche Konsequenzen dies haben könnte. Ein anderer sinnierte, wenn es stimme, daß die SST-Konstruktion, wie die Anzeige suggeriere, aus einer klassischen Papierflieger-Konstruktion entwickelt worden wäre, dies nicht alle Rechte daran der Öffentlichkeit zuweisen würde. Müßte es nicht bedeuten, daß sich irgendeine Gruppe von nachtfliegenden Geschäftsleuten nach der gleichen Konstruktion ihr eigenes SST bauen könnte?

Vermutlich waren Tausende von Nachbarschaftsgruppen, die sich Badewannen-SSTs im Eigenbau vorgenommen hatten, der wahre Grund für den Enthusiasmus, mit dem die Presse den Wettbewerb aufnahm. (Siehe auch das Kapitel, in dem noch einmal zu den Patentrechten an der SST-Konstruktion Stellung genommen wird.)

Innerhalb weniger Tage wurde der Wettbewerb in den Leitartikeln von über hundert amerikanischen Zeitungen unterstützt. (Überraschenderweise glichen Dutzende dieser Leitartikel einander Wort für Wort, in Zeitungen, deren Erscheinungsorte geographisch so weit entfernt waren wie von der *Athol News* – Athol liegt in Massachusetts – und vom *Express* in Texas und vom *Courir* in Indiana. Zunächst nahmen wir dies als eine weitere Absonderlichkeit hin. Dann aber fragten wir uns doch, ob es vielleicht im Untergrund einen Leitartikel-Dienst gibt, ähnlich den Nachrichtendiensten AP oder UPI. Wir fanden die Möglichkeit irgendwie beunruhigend, daß der Leitartikel der *South Croupier* (Nevada) *News* nun doch nicht von dem dünnen Mann mit dem grünen Augenschirm geschrieben wird, sondern von einem New Yorker Heckenschützen. Aber das wäre das Thema eines ganz anderen Buchs.)

Im Ausland reagierten die Nachrichtenmagazine und Zeitungen mit einer Mischung aus Entsetzen, Begeisterung und Freude auf diese neue Ausgeburt der amerikanischen Phantasie. Der politisch in der Mitte stehende France Soir in Paris zum Beispiel begrüßte den Plan:

„Mit Ungeduld erwarten wir die Resultate dieser ersten Untersuchung ... auf jeden Fall ist es eine gute Nachricht; sie illustriert perfekt sehr typische amerikanische Qualitäten: Erfindungsgabe, Sinn für Humor und Tatkraft."

Der linke Nouvel Observateur, der oft die militärischen Implikationen der amerikanischen Luft- und Raumfahrt Erfolge kritisiert, war in seiner Reaktion deutlich verhaltener. Hier wurden nur die Fakten der Veranstaltung berichtet, in Erwartung einer unmittelbar vielleicht folgenden militärischen Version der siegenden Papierflieger-Konstruktion.

Die Presse in Australien ignorierte die militärischen Implikationen und nahm sich gleich der Papierflieger selber an. Mindestens drei australische Tageszeitungen unternahmen konkurrierende Wettbewerbe – zwei für Papierflieger,

Abb. 3: Die versammelte Presse verfolgt das Finale des Fly-offs; New York Hall of Science, am Vorabend von Washingtons Geburtstag, 1967

und eine, *The Australian,* rief zu einem Papier Schuhschrank, Keksdosen, Was-auch-immer-Wettbewerb auf, der in seiner Obskurität nur von Andy Warhols „Wasserbomben-Wettbewerb" in der *New York World Journal Tribune* überboten wurde.

Am Ende des Wettbewerbs hatten sich 35 Pfund Zeitungsausschnitte angesammelt (ein Stapel, ungefähr einen Meter im Quadrat und einen Meter zwanzig hoch), und, wie die Anzeige des *Scientific American* mit dem Abschlußbericht ausweist, es hatten sich Fernsehen und Presse beim Fly-off-Finale in einer Menge eingefunden, die nur einmal, beim Besuch von Papst Paul in New York überboten worden war. (Siehe Abbildung oben.)

Zwölftausend Modelle wurden eingesandt, fast jedes mit einem langen Brief, in dem detaillierte Anweisungen für denjenigen standen, der es werfen würde und natürlich auch Hinweise auf die Besonderheiten der Konstruktion. Einige dieser Briefe sind in der Anlage I, *Briefe,* zitiert; der Hinweis möge genügen, daß aus allen eine Hingabe an die Idee sprach, deren Ernsthaftigkeit uns rührte.

Ein weiterer Hinweis auf die Begeisterung der Teilnehmer ist der Tatsache zu entnehmen, daß das Problem, wie jemand seinen Papierflieger durch die Post zum *Scientific American* schicken sollte, Zeit, Energie und Einfallsreichtum kostete. Jeder löste es auf seine Weise. Einige klebten einfach eine Fünf-Cent-Briefmarke auf die Nase des Fliegers (was die aerodynamischen Eigenschaften kaum beeinträchtigte), andere verpackten ihn in Papprollen, Pakete, die wie Flugzeughallen aussahen, in Behältnissen aus Styropor., in Kaffeedosen, Plastikkästen, Schuhkartons, Zigarrenkisten, Pralinenkästen, 4-Liter-Milchkartons, in einem zwei Meter langem Metallzylinder und – die weitaus größte Zahl – in Cornflake-Kartons. (Vom *Scientific American* zum Testort wurden die Modelle per Auto gebracht.)

Vor dem Finale des Wettbewerbs waren regionale Wettbewerbe veranstaltet worden, in Hunderten von Schulen im Land, von Universitäten, darunter Columbia und Harvard, von Lockheed, Grumman und den Douglas Flugzeugwerken, von Mitgliedern der wissenschaftlichen Abteilung in der Britischen Botschaft in Washington, von American Airlines, die in jeder von ihr angeflogenen Stadt einen Wettbewerb ausrichtete und von einer Anzahl Zeitungen, darunter der *Daily Sketch* in London, die *Wretched Mess News* in West Yellowstone (Montana) und *Register* in Newhall, Kalifornien. Der *San Francisco Chronicle* schickte alleine mehr als 3000 Modelle.

Der stellvertretende Chefredakteur des *Chronicle,* Scott Newhall, telegraphierte, gleich nachdem er die erste Anzeige gesehen hatte, an Piel, daß er sein Haus als Sammelstelle für die Flugzeuge von der Westküste zur Verfügung stelle. Am Tag darauf veröffentlichte die Zeitung einen Artikel darüber unter einer achtspaltigen Überschrift, und ihr Wissenschaftsreporter, David Perlman, wurde beauftragt, am Ball zu bleiben.

Perlman, ein guter Rechercheur, hatte innerhalb von fünf Tagen mehrere bemerkenswerte Entdeckungen über die

Abb. 4

PAPER AIRPLANES
--- A GLOBAL TEST

Scientific American reports this unusual model was found in a stairwell. Its designer is unknown.

THE WEATHER
Bay Area: Fair except for patches of morning fog; little temperature change. High Thursday, 55 to 60; low, 40 to 50. Gentle winds. See Page 43.

San Francisco Chronicle
THE VOICE OF THE WEST

FINAL

102nd Year No. 349 CCCCAAA THURSDAY, DECEMBER 15, 1966 10 CENTS GArfield 1-1111

An International Search For Best Paper Airplane

Chronicle Joins Unique Quest for Great Designs

By David Perlman
Science Correspondent

The San Francisco Chronicle announced yesterday it is proud to support the First International Paper Airplane Competition throughout the West Coast of the United States and all the nations of the vast Pacific Basin.

The competition was launched in

Lockheed S

SAN FRANCISCO CHRONICLE

„HÄTTEN WIR GEWUSST, WAS ES WAR, WAS WIR LERNEN WÜRDEN, WÄRE ES KEINE FORSCHUNG GEWESEN, ODER?“

Professor David C. Hazen, Princeton-Universität

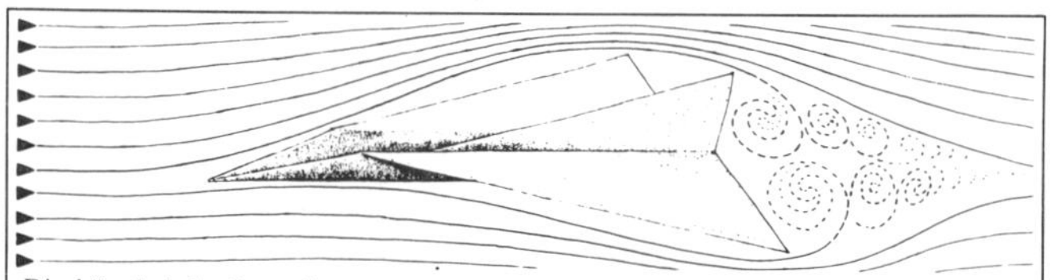

Die künstlerische Darstellung des klassischen Papierfliegers während des Tests im Windtunnel in Princeton.

INFORMATIONSMANGEL

Wir möchten nur das unsere dazu tun, einem Informationsmangel abzuhelfen, der Papierflieger-Konstrukteure seit Einführung des Papyrus frustriert hat. Wiewohl kein fachübergreifendes Wissen über die Entdeckungen ihrer Kollegen existiert und trotz der Indifferenz der offiziellen Stellen, haben sie täglich ihre Experimente mit Anwendungen des Auftriebskoeffizienten fortgesetzt, in Büros, Hinterhöfen und von Vorstadtdächern. Und irgendwie haben sie (offensichtlich) einen starken Einfluß auf die Entwicklung der Flugzeuge von heute nehmen können.

DIE JURY

Nun sind die düstren Zeiten der Forschung vorüber. Warum schließlich sollte die Wissenschaft länger auf zufällige Beobachtungen von anonym gestarteten Flugzeugen von der Straßenecke oder dem anderen Ende des Korridors angewiesen sein?

Die Zeit ist gekommen, da die Fülle des unkatalogisierten Wissens, das bis an die Grenzen des heute Möglichen vorstößt, gesammelt und veröffentlicht wird.

Auf den Bildern rechts sind sieben Männer und eine Frau zu sehen, jede Person ein Pionier auf einem Gebiet der theoretischen oder technischen Aerodynamik, deren Finger die Früchte dessen starten werden, was bisher der Untergrund der Flugzeugkonstruktion gewesen ist.

Die Beurteilung wird in zwei Phasen vonstatten gehen.

1. Alle eingesandten Modelle werden in den Korridoren des *Scientific American* geflogen. Diese Flure sind von New Yorker Bürohaus-Grundtyp, der längste mißt 24 Meter, der höchste mißt 3,65 Meter, die größte Breite ist drei Meter. Sollte Ihr Modell an diesen Dimensionen scheitern, steht noch eine Empfangshalle in der Nähe zur Verfügung.

Wir bedauern, daß es den Einsendern nicht möglich ist, ihre Modelle selbst zu starten, wie dies mehrfach vorgeschlagen wurde. Doch werden unsere Juroren gerne mitgeschickte Startanweisungen befolgen. (Zur Sache sei hinzugefügt: Wenn nur Sie in der Lage sind, Ihr Modell zu starten, gibt der objektive Wert Ihrer Konstruktion zu Zweifeln Anlaß.)

2. Nach dem Korridor-Test werden die Modelle, die noch im Rennen liegen, zur Princeton-Universität gebracht, wo ein spezieller Waage-Mechanismus entwickelt wurde, der es ermöglicht, die areodynamischen Grundgrößen von Papierfliegern im Princeton-Windtunnel zu messen. (Von dieser belastenden Prozedur sind die Einsendungen in der Klasse Origami ausgenommen.)

PING-PONG-BÄLLE

Welche Erfahrungen unsere Juroren dabei machen werden, läßt sich nicht vorhersagen, jedoch ist dies zu berichten: Bei Forschungen an Ping-Pong-Bällen hat sich vor kurzem herausgestellt, daß die Flugeigenschaften dieser *langsam* fliegenden Objekte denen der *Überschall*-Mach-20-Flugzeuge gleichen, wenn diese mit den schwierigen Re-entry- und Landemanövern beginnen. „Inzwischen wissen wir mehr über die Aerodynamik von Ping-Pong-Bällen, als irgendein anderer in der Welt“, erklärte Professor Hazen.

Wer hätte geglaubt, daß in unserem Zeitalter, in dem es hauptsächlich darauf ankommt, so *schnell* wie möglich von hier nach dort zu gelangen, die Untersuchung von Objekten mit *langsamen* Geschwindigkeiten von so profunder Wichtigkeit sein könnte?

Genau das ist der Sinn aller Bemühungen. Wir haben in dieser Zeit viel zu selten Gelegenheit, in die Dinge wirklich einzudringen; darum laßt uns so tun, als seien Luft- und Raumfahrt noch ein Buch mit leeren Seiten, und unsere Aufgabe sei es, den Text zu schreiben. (Oder sollten wir sie nur herausreißen, zusammenfalten und fliegen lassen?)

Vielen Dank

BULLETIN: Auf Bitten der Origami-Teilnehmer, deren Faltarbeiten äußerst kompliziert sein können, und der ausländischen Teilnehmer, die ihre Flieger in den meisten Fällen nicht per Luftpost schicken, hat *Scientific American* den Einsendeschluß für den 1. Internationalen Papierflieger-Wettbewerb bis zum 14. Februar verlängert, bis Valentinstag. (Herzen, Papiergirlanden und zarte Empfindungen werden jedoch die Entscheidungen der Juroren nicht beeinflussen.)

ZUSAMMENFASSUNG

Vor ein paar Wochen hat *Scientific American* im Hinblick auf die Ähnlichkeit zwischen dem klassischen Papierflieger mit den Delta-Tragflächen und den Überschall-SST-Designs die erste formale Untersuchung von Papierflieger-Konstruktionen eingeleitet. (Siehe typischen SST unten.)

Wir gingen davon aus, daß wenn Papierflieger-Konstrukteure schon vor 40 Jahren das getan haben, was kommerzielle Konstrukteure heute erst erreicht haben, wir erfahren sollten, ob nicht heute schon der SST des Jahres 2000 durch die Korridore Amerikas schießt, saust und segelt.

Wir möchten keinesfalls den Eindruck erwecken, als hielten wir die kommerziellen Konstruktionen für direkt daraus abgeleitet; denn wäre dies so, würden die Patentrechte bei der Öffentlichkeit liegen. Auch wollen wir nicht etwa, wie dies ein Journalist vermutet hat, auf eine „Papierflieger-Lücke“ zwischen Amerika und der Sowjetunion hinweisen.

DIE JUROREN: 1. INTERNATIONALER PAPIERFLIEGER-WETTBEWERB DES SCIENTIFIC AMERICAN

MR. SURENDRA BAHADUR
President, Go Fly A Kite Store, New York City; one of few men in the world to have flown a kite to upwards of 4,000 feet.

CAPT. LEE CERMAK
Pilot-In-Charge, Goodyear Blimp ("The Mayflower")*

MRS. SUSAN CLEMENTS
U. S. Women's Skydiving Style Champion, 1964, 1965, 1966 (in which parachutist does four 360 turns and two backflops in shortest time possible); Women's Overall Champion, 1965; veteran, at age 22, of 470 jumps.**

PROF. DAVID C. HAZEN
Assoc. Dean of Faculty, Princeton University; member, Dept. of Aerospace and Mechanical Sciences; pioneer researcher in low-speed flight at Princeton Subsonic Aerodynamics Lab.

PROF. EDMUND V. LAITONE
Chairman, Aeronautical Sciences Div., Univ. of California, Berkeley; former member Nat'l Advisory Committee for Aeronautics (NACA), specialist in high speed aerodynamics; former Section Head, Flight Research Engineering, Cornell Aeronautical Lab.

MAJOR S. S. PIKE
President, Skywriting Corporation of America; inventor of precision 5-plane Sky-Typing; supervisor of skywriting project which brought the name Pepsi-Cola to 8,000 cities and towns, 160,000 times.

CDR. R. E. SCHREDER
U. S. National Soaring Champion 1958, 1960, 1966; holder of three world speed records for gliders; designer and builder of 14 aircraft, both sailplane and powered types; member of Helms Soaring Hall of Fame.

MR. BUNJI TAGAWA
Sage Fellow in Philosophy, Cornell University; prominent technical illustrator; Instructor in Origami, P.S. 29, New York.

Scientific American, 1967

Typischer SST. Vergleiche auch den klassischen Papierflieger. Beachten Sie die Ähnlichkeit.

Rolle der Papierflieger in der Geschichte der Luftfahrt gemacht. Er berichtete dies seinen Lesern:

„Der Italiener Vittorio Sarti konstruierte 1828 eine Kreuzung aus Segelboot und Hubschrauber mit gewaltigen Papierflügeln, die Windböen ausnutzen sollten. Sie kam nie über den Zeichentisch hinaus. (Siehe Abbildung 5.)

Im Jahre 1847 baute der Offizier und Luftnavigationsingenieur Werner Siemens in Deutschland das erste raketengetriebene Flugzeug der Welt. Es wurde mit Schießpulver angetrieben. Sein Schwanzende hatte große Ähnlichkeit mit heutigen Versionen von Papierseglern. (Siehe Abbildung 6.)

Ein Albatros inspirierte Jean-Marie le Bris in Frankreich 1868 zum Bau eines Segelflugzeugs. Es wurde von einem von galoppierenden Pferden gezogenen Wagen gestartet (siehe Abbildung 7). Man achte auf die Nadel-Nase des Flugzeugs, ein direkter Vorfahr des Überschall-Konzepts unserer Tage.

Ein brillanter Erfolg war Octave Chanutes Doppeldecker-Segler aus dem Jahr 1896 – auf unserer Abbildung 8 wird er elegant von A. M. Herring gesteuert, der einen Hügel hinunterlief, um zu starten.“

Perlman, der wiederholt danach gefragt wurde, hat seine Quellen nicht preisgegeben. Alles was er sagte war, daß „eine nette, kleine Frau mittleren Alters in der Wissenschaftsabteilung der Öffentlichen Bücherei (in San Franzisko) äußerst hilfreich“ sei. Auch über eine spätere Entdeckung, die das Papierflieger-Origami betraf, verriet er seine Quelle nicht.

Nach dem *Chronicle* geht diese Kunst

CUTHBERT COLLECTION, ROYAL AERONAUTICAL SOCIETY, LONDON

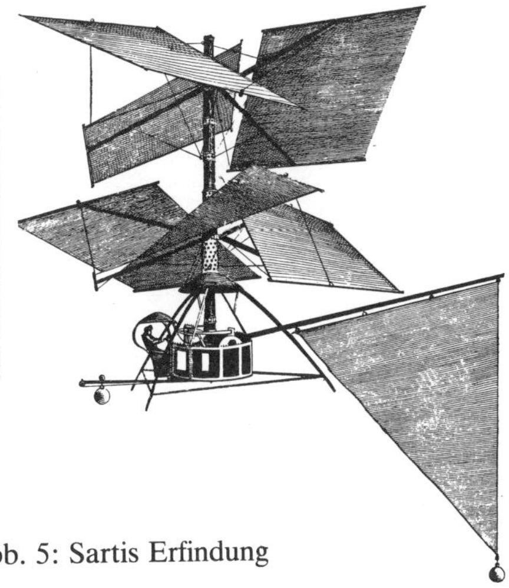

Abb. 5: Sartis Erfindung

auf die frühe Heian Ära – 782 bis 1184 n. Chr. – zurück. Damals seien kleine propellerartige Papierflieger aus Holz und dünnem Papier konstruiert worden, „mit einem ziemlich schweren, scharfen oder stumpfen Objekt an der Nase, die nach Meinung einiger Historiker um 700 in Schlachten verwendet wurden.“

Wir schulden dem *Chronicle* und Perlman Dank für diese wertvollen Recherchen. Nachdem dies getan ist, wenden wir uns der Frage zu, was wir sonst noch gelernt haben.

Unmittelbar nach dem Fly-off-Finale in der New York Hall of Science ent-

FROM *AIRPLANES OF THE WORLD*

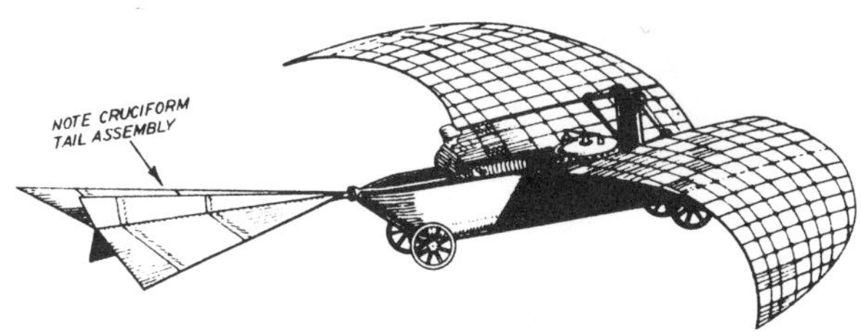

Abb. 6: Siemens' Raketenflugzeug

MUSEE DE L'AIR

Abb. 7: Le Bris' Segelflugzeug

LIBRARY OF CONGRESS

Abb. 8: Chanutes Doppeldecker

spann sich eine akademische Debatte zwischen den beiden aeronautischen Experten der Jury.
Professor David Hazen von der Princeton-Universität war der Meinung, daß von den eingesandten Modellen nichts zu lernen sei. Dieser Überzeugung trat Professor Edmund V. Laitone von der Universität von Kalifornien in Berkeley entschieden entgegen. Vor allem ein Ringflügel-Modell, das ein Angestellter der Xerox-Corporation eingeschickt hatte, hielt er für durchaus vielversprechend.

Dieses Buch ist fünf Monate nach dem Ende des Wettbewerbs geschrieben, und Professor Laitone konnte bereits Herrn Piel die erfreuliche Mitteilung machen, daß in der Tat der Wissenschaft ein meßbarer Beitrag geleistet worden ist.

In seinem Brief vom 29. Mai 1967, der inzwischen dem Archiv des *Scientific American* übergeben wurde, läßt uns Professor Laitone wissen: „Ich jedenfalls habe viel Spaß an dem Wettbewerb gehabt und auch manches Neue gelernt.“

Das aber ist noch nicht alles. Er befolgt den Rat eines Siegers, Frederick Hooven, und erforscht auf dieselbe Weise wie vor ihm Orville Wright Tragflächen aus Papier in einem Windtunnel.

Ein besonders erregender, unerwarteter Aspekt dieser Forschung ist, wie Professor Laitone schreibt, die Tatsache, daß „um diese Tests auszuführen wir eine höchst akkurate Windtunnelwaage entwickeln mußten, die gleichzeitig Auftrieb und Widerstand eines Modells mit einer Genauigkeit von einem Zehntelgramm zu messen vermag. Das allein ist interessant“, stellt er fest, „. . . weil wir diese extrem genaue Waage praktisch ohne Kosten und mit wenig Arbeitsaufwand herstellen konnten – wir benutzten dazu mechanische Teile aus einem Flugzeug-Autopiloten aus dem Zweiten Weltkrieg.“

„So weit wir wissen“, fährt Laitone in der Beschreibung seiner Windtunnelwaage fort, „ist die Zehntelgramm-Genauigkeit über zehnmal empfindlicher als jede Windtunnelwaage, von der wir je gehört haben.“

Wir gratulieren.

Aber was ist mit den Papierfliegern? Nun, selbst in unseren Tagen des Überschallflugs ist nicht jede Frage sofort zu beantworten. Professor Laitones Arbeit am Flugprofil des Xerox-Manns läuft weiter. Er will uns darüber auf dem laufenden halten. Im Augenblick warten wir wie Sie mit heißen Herzen.

(Anmerkung des Übersetzers: Die Herzen haben sich inzwischen abgekühlt. Der Rundflügel war offenbar so umwerfend doch nicht. Denn vom Professor war darüber nichts mehr zu hören, und inzwischen ist ein Dutzend Jahre ins Land gegangen.)

Kurzgefaßte Anmerkungen zur Geschichte der Aeronautik

Bevor wir zur Einleitung, den Anlagen und so weiter eilen, möchten die Autoren die außergewöhnlichen Entwicklungen der Jahre 1966 und 1967 in die aeronautische Geschichte einbinden. Wir haben darum ein wenig Forschung betrieben, deren Resultate wir im folgenden – mit Anmerkungen versehen – vorlegen.

Die Geschichte der Aeronautik geht klar ins Altertum zurück, bis zu der Zeit, da „Beobachter des Vogelflugs und geworfener Gegenstände Spekulationen über die daran beteiligten Kräfte und ihr Zusammenwirken anstellten. Diesen Spekulationen freilich fehlte der Vorzug dessen, was wir heute die ‚experimentelle Methode' nennen." (Aus Encyclopaedia Britannica. Vol 1. „A-Antarah", Seite 824.)

Springen wir bis 1250. Hier finden wir Roger Bacon, der als erster den Vorschlag veröffentlichte, mit einem gasgefüllten Ballon einen Menschen in die Luft zu heben. Doch erst Leonardo da Vinci stellte fest, daß die Luft der Bewegung fester Körper einen Widerstand entgegensetzt, gleichwohl glaubte er, daß der Luftdruck der Schlüssel zum Flug sei. Er glaubte zum Beispiel, das schnelle Flattern der Vogelflügel erzeuge unter den Flügeln ein Gebiet komprimierter Luft, von der das Tier getragen würde.

Nichts konnte weiter von der Wahrheit entfernt sein.

Galilei wies später den Luftwiderstand nach und ermittelte, daß der Widerstand der Geschwindigkeit des Objekts proportional sei. Im 17. Jahrhundert war es der niederländische Physiker Christian Huygens, der offenbar als erster herausgefunden hat, daß der Widerstand der Luft proportional dem Quadrat der Geschwindigkeit ist. Huygens allerdings ermittelte dies experimentell. Newton kam zum gleichen Schluß auf Grund mathematischer Ableitungen.

Newtons Grundgesetze der Mechanik setzen den Anfang der klassischen aerodynamischen Theorien. Er entdeckte, daß der Druck, der auf eine quer zum Luftstrom ausgerichtete Platte wirkt, proportional dem Produkt aus der Luftdichte, der Plattenfläche, dem Quadrat der Geschwindigkeit und dem Quadrat des Sinus vom Neigungswinkel ist.

Alles weitere ergibt sich natürlich daraus.

Doch sollte noch besonders erwähnt werden, daß der Start des ersten funktionierenden Geräts, das sich in die Luft erhob, am 5. Juni 1783 den Franzosen Joseph und Jaques Etienne Montgolfier gelang, den Söhnen eines erfolgreichen Papierherstellers. (Siehe Abbildung 1) Obwohl ihr Experiment bald übertrumpft wurde, hatte es sich doch tief in der menschlichen Vorstellung eingegraben. Heute noch ist „montgolfier" im französischen Argot erhalten als ein gebräuchliches Substantiv, um den exquisiten, brutalisierenden, aufgedunsenen Kopf am Morgen danach zu beschreiben.

Doch nun zurück zum Tagesgeschäft: Der Papierflieger von heute, sein Sinn und seine Zukunft in der Gesellschaft.

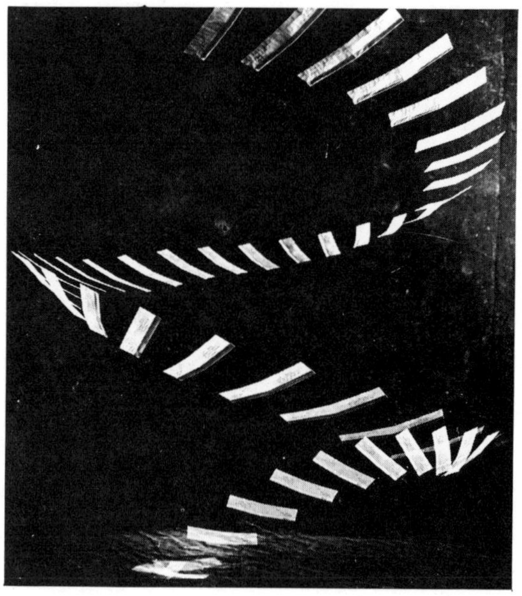

Prolog

EIN TRIBUT AN RUFUS PORTER, DEN ERFINDER DES FLUGHAFENS

In vielerlei Hinsicht verdient Rufus Porter besondere Aufmerksamkeit in diesem Buch.

Die Autoren messen der Tatsache, daß er 1845 den *Scientific American* gegründet hat, den Sponsor der Veranstaltung, von der hier die Rede ist, durchaus große Bedeutung bei.

Doch mindestens so bedeutend ist es, daß er der Erfinder des ersten Luftschiffs mit Antrieb ist. Mehr noch: Bei seinen Überlegungen im Zusammenhang mit seinem Luftschiff ist er zweifellos darauf gestoßen, daß es nicht genug ist, zu fliegen – nicht minder wichtig ist das Landen. So übertraf er sogar diese Erfindung mit der des ersten Flughafens. Keinesfalls liegt es in unserer Absicht, dies etwa herabzumindern, wenn wir erwähnen, daß er den Flughafen für Zeppeline und nicht für Jets erfunden hat. Schließlich hätte es wenig Sinn gehabt, etwas zu erfinden, das längst mit Gras überwachsen sein würde, wenn man es endlich benutzen könnte, ganz zu schweigen von den immensen Wartungskosten, die von 1850 bis 1950 angefallen wären, bis sich endlich ein Jet-Flughafen ausgezahlt haben würde.

Es sollte auch noch erwähnt werden, daß Porter am 23. Januar 1851 um ein Haar den Sprung ins Luftfahrzeitalter vollzogen hätte, als er an jenem Tag im Senat darauf drang, Forschungsmittel für die Flugwissenschaft bereitzustellen. (Ist es möglich, daß er im stillen Jet-Flughafen-Pläne hatte?)

Der Senat jedoch, in der überwissenschaftlichen Weitsicht, die Gesetzgebern und Beamten eigen ist, muß wohl gewußt haben, daß das Luftfahrtzeitalter planmäßig erst erheblich später zu beginnen hatte, darum lehnte er eine vorzeitige Investition in diese Sache ab. (Gerade solche wertvollen Einsichten sind es, die die Geschichte auf ihrem ordentlichen Kurs halten, von Krieg zu Krieg, und die uns daran hindern, daß wir mit dem Kopf durch die Wand in eine unsichere Zukunft stolpern.)

So lobenswert Porters aeronautische Einfälle sind, für sich alleine verdienten sie den Tribut in einem Buch über Papierflieger nicht. Schließlich hat es in der Vergangenheit viele andere Menschen gegeben, die Daumenabdrücke ihrer Genialität am Himmel ließen. Warum also haben wir Rufus Porter gewählt?

Wer die Art kennt, in der er sein Leben gelebt hat, wird kaum in Frage stellen wollen, daß er die Sorte Mensch war, die sich gefreut haben würde, mit der Erwähnung in einem Buch über Papierflieger geehrt worden zu sein.

Mister Porter, und das beleuchtet unsere Absicht, hat nie so getan, als widme er sein Leben der Wissenschaft. Schon der Gedanke daran hätte ihn zum

Lachen gebracht. Er widmete seine Wissenschaft dem Leben. Diese einzigartige, vollendete Lebenseinstellung befähigte ihn in einem Leben Musiker, Portraitmaler, Gartenarchitekt, Soldat, Seemann, Tanzmeister, proteischer Ehemann und Vater, religiöser Philosoph, Erfinder, Chefredakteur und vieles andere zu sein, was mit Papierfliegern direkt nichts zu tun hat.

Der Grund, den er dafür nannte, daß er *Scientific American* gründete, war: es gab Publikationen für alle möglichen Dinge, aber keine, die der Verbesserung der Lebensqualität gewidmet war. Folglich füllte er seine Seiten mit Nachrichten, Glossen und Kommentaren über alles und jedes, daß ihm geeignet schien das individuelle Leben oder die allgemeinen Bedingungen zu verbessern. In einer Artikelserie über das Malen gab er zum Beispiel den Leuten, die malen wollten, den Rat: „. . . es ist weder notwendig noch in allen Fällen tunlich, die Natur zu imitieren."

Wo immer sich Gelegenheit dazu ergab, spornte Porter seine Mitmenschen an, die Natur zu übertrumpfen, etwas Schönes zu erschaffen, „jedoch nicht die perfekte Nachahmung von irgendetwas".

Rufus Porter sah die Welt als den von Gott eingerichteten Spielplatz für die Menschen, und er erwartete von der Wissenschaft, daß sie das Spielzeug dafür herstelle. Sein *Scientific American* scheute sich nicht, auf der ersten Seite neben ernsten technischen Nachrichten auch Witze unterzubringen. In diesem Geist läßt sich ein Papierflieger-Wettbewerb nicht geringer achten als der Wettbewerb in der Konstruktion eines SST.

An Rufus Porter darum: Dankeschön und alles Glück der Welt.

Kapitel

Es war darüber gesprochen worden, den Hauptteil dieses Buchs ganz einfach fortzulassen, doch es schien ratsam, diesen sonst ungenutzten Platz dafür zu benutzen, darüber nachzudenken, *was hätte sein können:* verpaßte Gelegenheiten, deren zerbrechliche Feinstruktur für immer in die Mitte dieses dicken Folianten gepreßt ist.

Zunächst sollten wir denen unser Lob zollen, die das Rückgrat des 1. Internationalen Papierflieger-Wettbewerbs gewesen waren, denen nämlich, die nie fertiggeworden sind. Wir meinen damit die große Masse der Möchtegern-Teilnehmer, die über den Wettbewerb gelesen hatten und bei sich dachten, daß dies eine fabelhafte Idee sei. Mit glühenden Wangen machten sie sich ans Werk, um noch einmal ihren Papierfliegertyp zu falten, dasselbe Modell, daß sie als Vorschüler zur Perfektion gebracht hatten und das ihnen im späteren Leben so oft Entspannung im täglichen Einerlei des Bürodaseins gewährt hat. Eine Chance, ihr unvergleichliches Werk an der Konkurrenz aller anderen zu messen.

Es muß Millionen von diesen Menschen gegeben haben. Und sei es, daß sie nur auf das Kind in sich gehört hätten, das da flüsterte: „Mein Flieger ist besser als dein Flieger!" Aber das haben sie natürlich nicht getan.

Was sie in Wahrheit taten, nachdem sie mit der defätistischen Art der Erwachsenen darüber nachgedacht hatten: Sie warfen ihr Lieblingskind voller Sehnsucht durch den Raum, ließen es gegen eine glatte Wand krachen und ihre traurigsüßen Träume vom Ruhm dabei zerschellen.

Wir glauben – vielleicht zu Recht (wer vermag dies jetzt schon zu sagen?) – die Logik rekonstruieren zu können, die zu einem so massiven Papier-Kamikaze geführt hat. Als die erste zarte Röte der Begeisterung verflogen war, betrachteten sie ihr Werk mit neuen Augen, genauer gesagt: sie fühlten die Augen anderer darauf gerichtet, und dabei überkam sie so etwas wie Lampenfieber. Warum?

Wir müssen uns daran erinnern, daß das Falten während der Kindheit ein geheimes Spiel war. Jetzt aber, zum Wettbewerb eingesandt, würde es jedem offenbart. Plötzlich schrumpfte ihr maßgeschneidertes Wunder zu einer armseligen Kreatur zusammen. Außerdem konnte man sicher sein (so die gnadenlose Logik), daß weil der *Scientific American* dahinterstand die technische Konkurrenz hart sein würde, sehr hart; es war klar, daß irgend so ein Wissenschaftler gewinnen würde. Wie wir wissen, ist dies auch prompt eingetroffen, doch wissen wir natürlich nicht, wie es gewesen wäre, wenn die ängstlichen Millionen nicht zurückgeschreckt wären. Wer weiß?

Jedenfalls stellt dieses Zurückziehen – um nicht Davonstehlen zu sagen – kurz vor Toresschluß, das einem sehr großen Teil der Basis der Papierfliegerei anzulasten ist – dazu gehört jeder, der jemals einen Papierflieger zusammengefaltet hat –, für die Wissenschaft einen Verlust dar, dessen Ausmaß nicht abgeschätzt werden kann.

Wo lag der Fehler? Vielleicht gleich am Anfang. Möglicherweise hätte sich ein weniger ernsthafter, weniger wissenschaftlicher Ton in der Ankündigung des Wettbewerbs weniger verängstigend ausgewirkt . . .

Eine Anmerkung: Warum ist die Papierfliegerei ein fast ausschließlich männliches Vergnügen? Hat jemals jemand von einer Papierflieger-Pilotin gehört? Wieviele von uns haben auch nur ein kleines Mädchen dabei ertappt, als es einen Papierflieger durch das Klassenzimmer oder anderswo schweben ließ? (Von den 12000 eingesandten Modellen, waren weniger als tausend von Frauen gefertigt worden.) Ist es ein Gebiet (wie das Dirigieren und Komponieren von Musik, Schach, Steakgrillen im Freien oder der Humor von W. C. Fields), in dem Frauen einfach nicht konkurrieren können? Die Wissenschaft gibt uns darauf keine Antwort.

Mehr als nur einen Hinweis verdient die Tatsache, daß niemand ein verifizierbares Anrecht auf die Priorität am Grundkonzept des SST angemeldet hat. Unserer Ansicht nach hätte sich das Recht auf einen so wertvollen Titel leicht nachweisen lassen. Es ist ja auch immer noch möglich, wiewohl die Wahrscheinlichkeit eher dafür spricht, daß jetzt, da der *Scientific American* Wettbewerb ohne Anmeldung eines solchen Anspruchs vorübergegangen ist, der Delta-Flügel nunmehr unwiderruflich geistiges Gemeineigentum geworden ist. Vielleicht ist es gut so, wenngleich der Gedanke traurig stimmt, daß all das Geld für dieses Patent jetzt herumliegt, ohne daß jemand einen Nutzen davon hat.

Das Grundpatent zu beanspruchen wäre die leichteste Sache der Welt gewesen. Einzige Voraussetzung hierfür wäre ein hinreichend hohes Alter gewesen – sagen wir über 100 –, und ein paar Empfehlungen, vom Schuldirektor, der Sonntagsschullehrerin . . .

Offengestanden gibt es da einige Erschwernisgründe: a) Ein 110jähriger ist in der Regel nicht so aggressiv wie einer, der weniger erwachsen ist. b) Die meisten Leute verfügen nicht über so viel Voraussicht, daß sie sich rechtzeitig Bestätigungen von Augenzeugen geben lassen.

Rückblickend ist die Beschaffung von Zeugnissen für etwas, das einige Jahre früher geschehen ist, für die meisten Individuen – von den pfiffigsten abgesehen – unmöglich. Doch wenn solches im nationalen Interesse liegt, stellt dies kein unbezwingbares Problem dar, wie wir schon in der Einleitung feststellen konnten. Eine Nation kann alles erreichen, was sie nur will, in ihrem eigenen Territorium – und manchmal auch auf fremdem.

Doch für den Augenblick wollen wir die Sache mit dem Patentrecht als eine rein inneramerikanische Angelegenheit betrachten; für internationale Schiedssprüche oder schlimmeres ist dann immer noch Zeit genug.

Hiermit sei der Hauptteil des Buchs abgeschlossen. Lassen Sie uns jetzt zum Anhang kommen.

Anlage I

BRIEFE

Zu Beginn muß erwähnt werden, daß Scientific American kaum ein eingesandtes Modell ohne Begleitbrief erhalten hatte – manche waren darin eingewickelt, anderen war er angeheftet oder sonstwie beigefügt. Mithin ergibt sich als erste Lehre, die aus dem Wettbewerb zu ziehen war, daß die Erfinder von Papierflieger unermüdliche Briefschreiber sind.

Einige wollten nur kundtun, welche Bedeutung die Veranstaltung für sie persönlich hatte – zum Beispiel schrieb Wanda Dillon aus Hardy in Virginia: „Ich möchte auf jeden Fall gewinnen, denn alle Jungen in meiner Klasse hatten mich ausgelacht, als ich den Flieger zusammenbastelte."

Sehr viele Teilnehmer gaben freimütig zu, daß sie noch nie etwas gewonnen hatten und nunmehr hofften, doch wenigstens einen Leonardo zu gewinnen.

Andere wollten nur freundlich sein:

„Ich heiße Jim Noble. Meine Lehrerin ist die Größte. Ihr Name ist Mrs. Jones. Meine Mutti heißt Maxine. Mein Vater heißt Vance und mein (kleiner) Bruder David. Wir sind 16 Schüler in der Klasse hier in der Warren School. Sie ist die beste Schule. Ich bin elf Jahre alt und in der fünften Klasse. Mit freundlichen Grüßen, Jim Noble, Terre Haute, Indiana."

Die mit Abstand größte sozioökonomische Teilnehmergruppe waren die Kinder, und daraus ziehen wir den Schluß, daß anzahlmäßig junge Leute häufiger Papierflieger zusammenfalten als Erwachsene. Viele ihrer Entwürfe verdienen Bewunderung, meinen wir; die Flieger 10 bis 13 legen Zeugnis davon ab.

Die Kinder haben die intensivste Forschung betrieben, das wird ihnen auch in der letzten Anzeige bescheinigt. Gleichwohl waren es die Erwachsenen und vor allem die Profis, die schließlich die Sieger wurden. Wenden wir uns also dem Denken des erwachsenen Gehirns zu.

Pfarrer M. Eugene Mockabee vom Theologischen Seminar in Lexington, Kentucky schreibt, er habe mit seinem Papierflieger, den er von einer 130 Meter hohen Eisenbahnbrücke über den Kentucky River gestartet hatte, eine Flugzeit von dreieinhalb Minuten erreicht. Fuller Brush Man Waldridge Bailey zählt zu seinen besonderen Leistungen einen Fünfzehn-Minuten-Flug aus dem 36. Stock des Hochhauses Park Avenue 100, „. . . unter Ausnutzung des Aufwindes vom Pershing Square".

Und von der New Yorker Baubehörde erreichte uns ein Brief, in dem uns Mr. William Pain mitteilt, er habe „ein einfaches Dreieck vom 31. Stock des alten Time-Life-Gebäudes gestartet, das eine Stunde und 33 Minuten herumgeflogen ist, ehe es sich in die Lüfte erhob und verschwand". Herr Pain merkt an, dieses habe sich während des „Goldenen Zeitalters der Papierflieger-Wettbewerbe, als die Hochhäuser noch nicht mit Klimaanlagen ausgestattet waren“, zugetragen.

Architekt Felix Rosenthal aus San Franzisko gehört auch zum Mehr-als-eine-Stunde-Club. Er beschreibt einen Flug vom Rockefeller Center in New York. Der Papierflieger kam schließlich über dem Times Square außer Sicht. Mr. Rosenthal versichert außerdem, daß er der einzige Papierflieger-Starter sei, dessen Modell den Arno River überquert habe; er hatte ihn aus einem Fenster im zweiten Stock losfliegen lassen.

Herr Rosenthal hat seine Kindheit im Deutschland der zwanziger Jahre verbracht und erinnert sich an seine Volksschulzeit. Die jüdischen Kinder hatten damals eine Freistunde während die Christen am Religionsunterricht teilnehmen mußten. „Diese eine Wochenstunde brauchten wir gerade, um unsere Papierflugzeuge zu verbessern“, die natürlich denen der christlichen Mitschüler weit überlegen waren.

Über einen vermutlich inoffiziellen Entfernungsrekord unterrichtet uns Mr. George Schairer, Vizepräsident der Forschungs- und Entwicklungsabteilung in der Boeing Company in Seattle, Washington: „Im Sommer 1930 war ich zusammen mit einigen Modellflugzeug-Konstrukteuren in Paris. Wir waren die Sieger des amerikanischen Modellflug-Wettbewerbs für Jungen, und wenn wir nichts anderes vorhatten, falteten wir Papierflieger. Einer davon war beson-

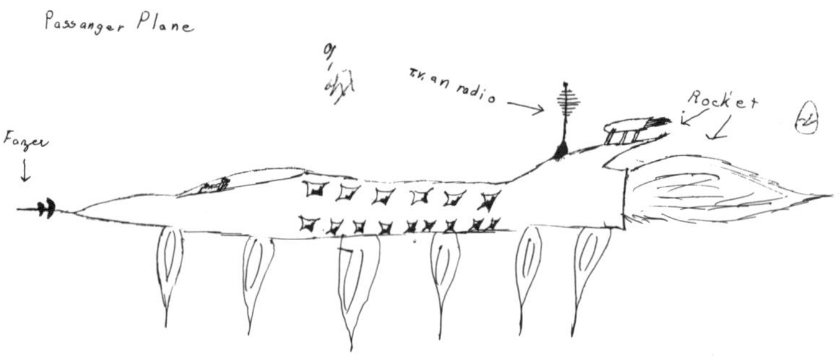

TIM SCHISLER, PORTLAND, OREGON

Abb. 9

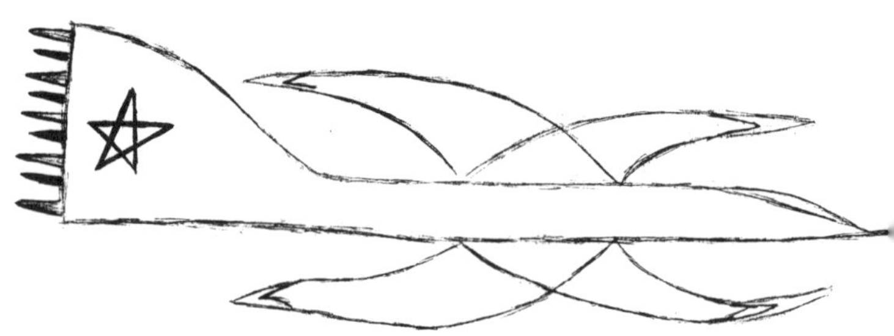

CLIFF SPECK, PORTLAND, OREGON

Abb. 11

Abb. 10

ROBYN REINEN, PORTLAND, OREGON

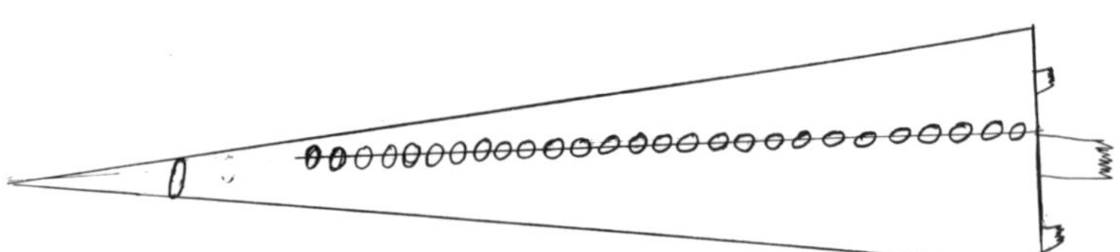

Abb. 12

MARY SUE WUNDERLICH, PORTLAND, OREGON

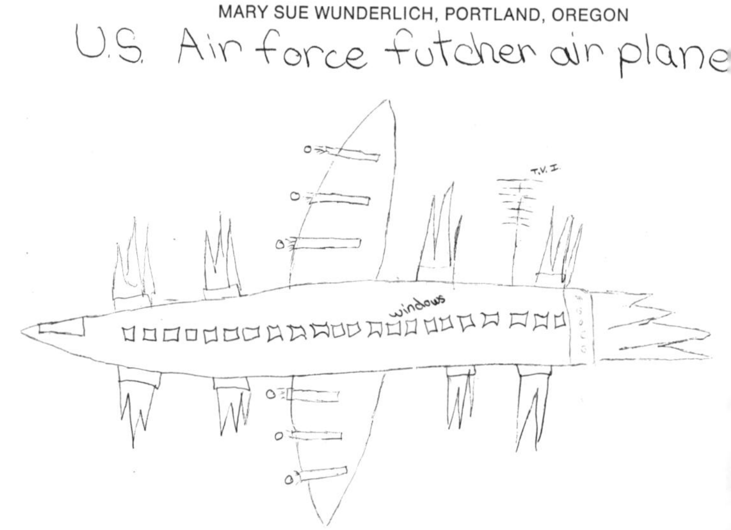

ders gut gelungen. Ich weiß nicht mehr, wer ihn gebaut hatte, ich war es jedenfalls nicht, aber es war ohne Frage die beste Papierflugzeug-Konstruktion, die ich je gesehen habe. . . . Ich glaube wir hatten Tausende dieses Typs vom Eiffelturm aus gestartet und einen davon mehrere Kilometer entfernt bei der Alexander III-Brücke wiedergefunden."

Aus zuverlässiger Quelle erfuhren wir über eine andere Entwicklung: Ein Mr. Yolen – er ist Präsident der amerikanischen Gesellschaft für das Drachen-Steigenlassen – soll den genannten Ragallo-Flügel erfunden haben, eine Konstruktion, die mit einem Schlag alle Probleme des so kläglich gescheiterten Überschall-Flugzeug-Programms der USA gelöst hätte. Dieses Modell des Herrn Yolen, „dem Konzept nach ein fortentwickeltes Drachen-Flugprofil, kann an einer langen Schnur von bereits existierenden Eisenbahnen über Land geflogen werden. Probleme mit der Flugaufsicht gibt's nicht . . . die Rechtsanwälte der Ragallo-Flügel-Flieger brauchen lediglich auf das grundsätzliche Vorfahrtsrecht der Eisenbahnen hinzuweisen, und schon sind sie aus dem Schneider. Die Passagiere können unten im Zug bequem und sicher reisen und dabei den Anblick des gewaltigen Ragallo-Flügels genießen, der von der Bahn gezogen über ihnen mitfliegt. Und das Problem der Überschallgeschwindigkeit ist auch überwunden. Dafür hat jetzt nur noch die Eisenbahnverwaltung zu sorgen, womit der leidgeprüften Flugzeugindustrie diese Last genommen wäre."

Der Sprecher von Mr. Yolen sah in dieser Erfindung „die Antwort auf den Ruf nach öffentlichen Verkehrsmitteln für Millionen". Wir möchten hinzufügen, daß hier ganz offensichtlich erhebliche Entwicklungskosten eingespart werden können – ganz zu schweigen von dem zusätzlichen Vergnügen der Reisenden, die Landschaften und kleinen Städte, an denen der Zug vorüberrast, von oben betrachten zu können, fraglos ein erregendes Erlebnis für die Reisenden der Zukunft.

Ein anderer Teilnehmer aus San Franzisko, Mr. Frank Rosenberg, gab seinem Papierflieger diese Gedanken über die Zukunft des Luftverkehrs mit auf den Weg:

„Künftig wird das Flugzeug weitaus mehr als nur ein Verkehrsmittel sein. Da der Transport von der Wohnung zum Flughafen so gut wie keine Zeit mehr in Anspruch nimmt, werden die negativen Gefühle, die sich häufig noch gegen den Luftverkehr richten, verschwinden. Und wir werden lernen die Luft als das natürliche Lebensmedium des Menschen zu betrachten, vergleichbar der Bedeutung des Wassers für den Fisch. Da die Menschen in zunehmendem Maße über und unter der Erde reisen, kann unser Globus wieder zum Paradies für Spaziergänger werden. Das Flugerlebnis der Zukunft wird mehr dem Telefonieren als einer physischen Anstrengung vergleichbar sein. Das Flugzeug wird ein Pendeln zwischen Realität und Vereinfachung sein, Komfort wird wichtiger genommen als gutes Essen, Stewardessen oder Filmvorführungen während der Reise."

Von den Herren Robert R. Black und Clifford H. Lang erfuhren wir, daß ihr eingereichtes Modell (Flieger 14) auf Baron von Lufthafen zurückgeht. Hier die ganze Geschichte:

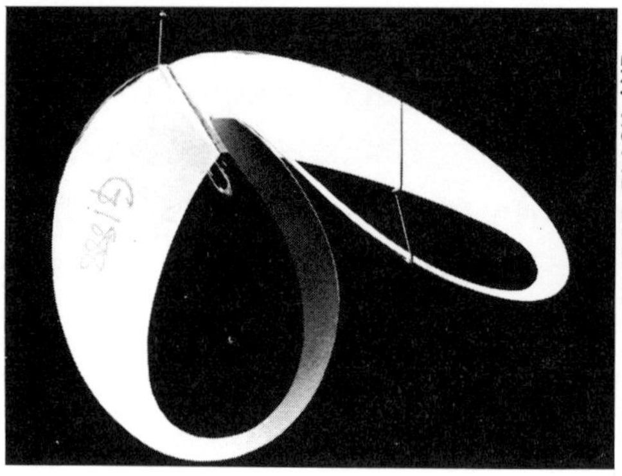

ROBERT R. BLACK AND CLIFFORD H. LANG, LOS ANGELES, CALIFORNIA

Abb. 13

„Sehr geehrte Herren,

die Flugzeugkonstruktion, die wir hiermit für den Wettbewerb einreichen, ist insofern eine Besonderheit, als diese Idee über zwei Jahrhunderte jeweils vom Vater auf den unehelichen Sohn weitergegeben wurde. Ursprünglich wurde die Konstruktion vom legendären Baron von Lufthafen entwickelt und verwirklicht, einem Feierabend-Schlachter, Raconteur und Sportler. Die Einzelheiten des Designs und der Flugeigenschaften des Flugzeugs sind den Nachkommen in der direkten Linie lediglich mündlich überliefert worden. Sie haben es also mit der ersten Veröffentlichung des Familiengeheimnisses zu tun.

Am 1. April 1767 war der Stammvater Lufthafen gerade dabei, ein Schwein abzustechen und zu vierteilen – es handelte sich um den ersten Schritt in der Zubereitung der damals international berühmten ‚Luftwurst' –, als einer seiner Manschettenschützer vom Schlachtblock rollte und zur Erde zu fallen begann. Plötzlich begann das Ding zu schweben und zu steigen; es segelte am jungen Jukes vorbei, dem ersten unehelichen Sohn von Lufthafen, der auf allen Vieren am Boden krabbelte, was für ihn eine natürliche Bewegungsart war, weil er im zarten Alter von 21 Jahren noch nicht gelernt hatte, aufrecht zu gehen. Der empfindsame Knabe – das neunte Kind der zarten, sanften und einfühlsamen Chatterley Dietrich, Tochter des Jagdhüters – wollte, da der fliegende Gegenstand sein wissenschaftliches Interesse erregte, dessen Flügel abmontieren. Der Entsetzensschrei des frustrierten Jungen, der feststellen mußte, daß keine Flügel vorhanden waren, rief die Aufmerksamkeit des Vaters wach.

Lufthafen, der nunmehr auch bemerkte, daß der Manschettenschützer tatsächlich fliegen konnte, wendete fortan das beachtliche Familienvermögen dafür auf, das Konzept des fliegenden Manschettenschützers zu vermarkten – ohne Erfolg. Sein Leben endete am Steuerknüppel eines zwölf Meter großen Manschettenschützers, der vom Turm des Lufthafen-Schlosses gestartet worden war. Er hinterließ seinen Generationen unehelicher Kinder nichts als einen segelnden Schlachter-Manschettenschützer."

A. A. BACKSTROM, DALLAS, TEXAS

Abb. 14: Backstroms Segelflugzeug

Wenden wir uns praktischeren Dingen zu. Die Beziehungen zwischen richtigen Segelflugzeugen und solchen aus Papier hat A. A. Backstrom aus Dallas erforscht, dessen Papierflieger aus einem Ein-Mann-Segler-Typ entwickelt worden war, den er selbst entwickelt hatte. Das Segelflugzeug des Herrn Backstrom (Abbildung 14) weist einen soliden Bau aus – die danach konstruierte Papierversion erreichte bei unserem Wettbewerb ungefähr den 5000sten Platz.

Noch ein Beispiel für die Überlegungen, die Leute zur Zukunft der Luftfahrt anstellen, ist aus der Zeichnung von Dennis Rietz aus North Highlands in Kalifornien zu ersehen (Abbildung 15). Wie deutlich zu erkennen ist, empfiehlt Mr. Rietz für Überschallflugzeuge aufklappbare Flügel, die je nach Fluggeschwindigkeit optimal eingestellt werden können.

Wir fanden auch diese Mitteilung interessant und amüsant:

Abb. 15

DENNIS G. RIETZ, NORTH HIGHLANDS, CALIFORNIA

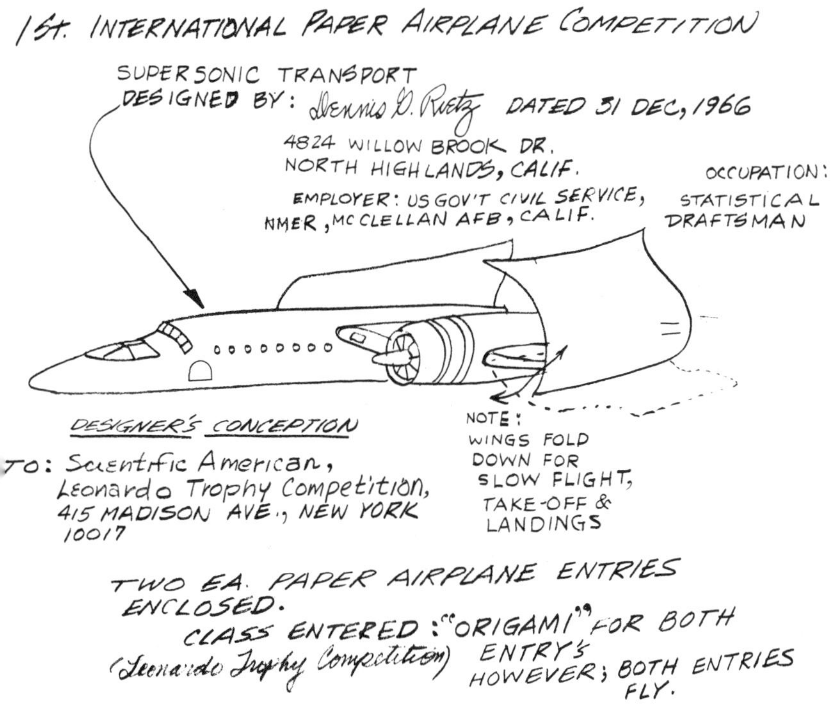

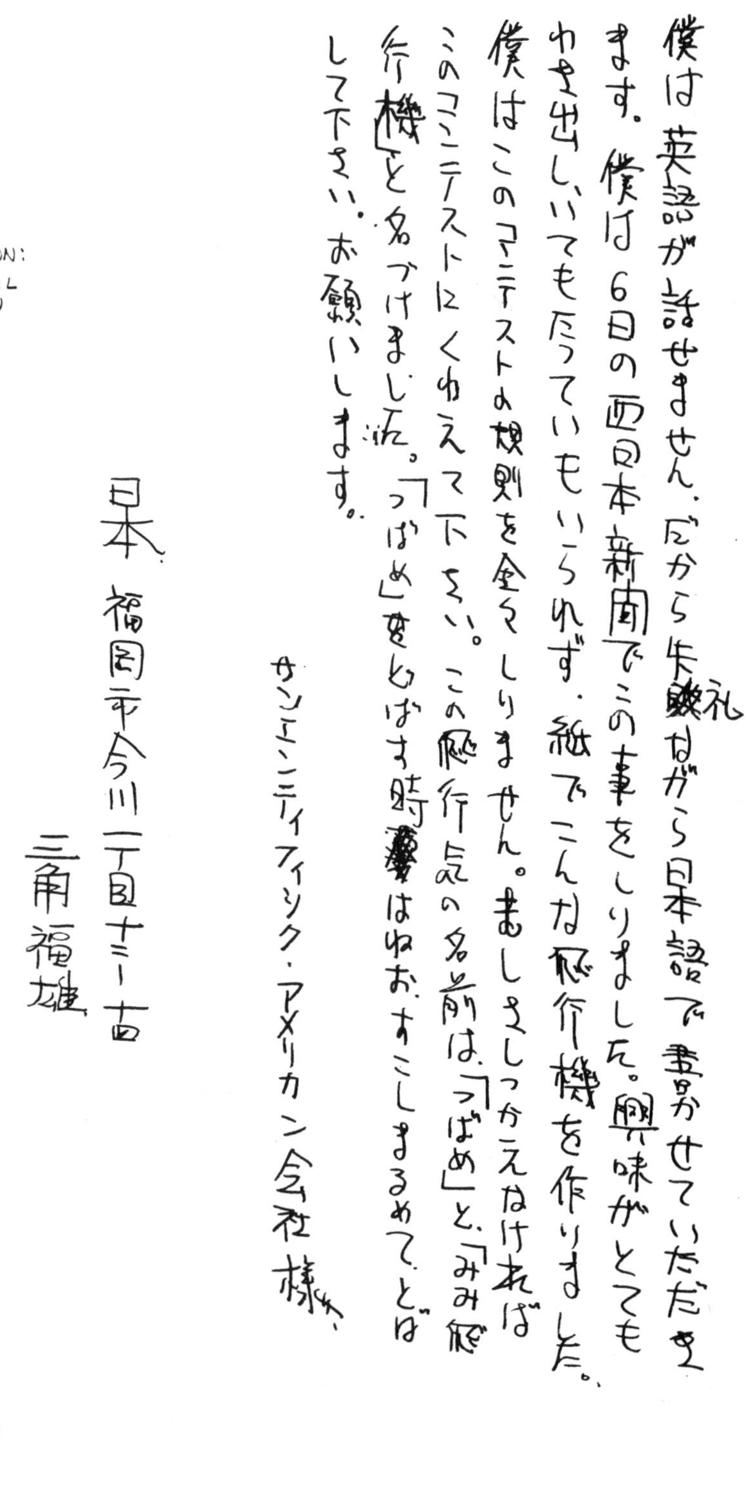
僕は英語が話せません。だから失礼ながら日本語で書かせていただきます。僕は6日の西日本新聞でこの事をしりました。興味がとてもわき出していてもたってもいられず、紙でこんな飛行機を作りました。
僕はこのコンテストの規則を全くしりません。もしさしつかえなければこのコンテストにくわえて下さい。この飛行気の名前は「つばめ」と「みみ飛行機」と名づけました。「つばめ」をとばす時はねおすこしまるめてとばして下さい。お願いします。

サンエンティフィック・アメリカン会社様へ

日本 福岡市今川二丁目十二ー十四
三角福雄

Ebenso dies:
Barclays Bank D.C.O.
Reef Trustee Branch
P.O. Box 8000
Johannesburg, South Africa

Sehr geehrte Herren,
in der Anlage schicke ich Ihnen mein Modell für den Wettbewerb.

D. L. Cairns

Hiermit bescheinige ich, daß der Obengenannte bei Barclays Bank angestellt ist

L. Groom

Bevor wir uns weiter mit Kommentaren beschäftigen, die von den Wettbewerbs-Siegern eingeschickt worden waren, drucken wir vollständig den überaus instruktiven Bericht ab, den uns Mr. Joseph W. Dauben von der Harvard-Universität zugehen ließ. Wir meinen, er spricht für sich selbst.

Sehr geehrte Herren,
in der Anlage schicke ich Ihnen einen Papierflieger. Kopien der hier mitgeschickten Zeichnungen und Berechnungen sind bereits Boeing und Lockheed zugesandt worden in der Hoffnung, daß sie von den wichtigen Resultaten dieser Forschungsarbeit profitieren können.

Die folgenden Ableitungen werden Sie vielleicht interessieren. Über den theoretischen Auftriebskoeffizienten und die Richtung der Nullauftrieb-Achse, die bei einem Papier-Tragflügel, wie er im folgenden beschrieben wird, erwartet werden darf, ist schon viel diskutiert worden. Der „Scientific American IV" (I, II und III sind nur auf dem Papier entwickelt worden; IV verdankt seine Realisierung ausschließlich der Hilfsbereitschaft gewisser anonymer Gönner in den Wissenschaften), dessen Tragflächen gewisse einzigartige Vorzüge bieten, ermöglicht eine maximale Oberfläche bei einem minimalen Preis (ungefähr 18 Quadratzentimeter für zehn Pfennig).

Nach dem Kutta-Jackowski Theorem ist klar, daß

$$L = 2\pi K p V = 2\pi p V \int_{-c/2}^{c/2} K\,dx$$

$$= 2pV^2 \int_0^{\pi} \left(A_0 \tan \tfrac{1}{2}\theta + \sum_1^{\infty} A_n \sin n\theta\right) \tfrac{1}{2} c \sin \theta\, d\theta$$

Wenn man nun annimmt, daß $n > 1$, dann erhalten wir

$$\int_0^{\pi} \sin n\theta \sin \theta\, d\theta = 0,$$

und folglich

$$L = cpV^2 \int_0^{\pi} (2A_0 \sin^2 \tfrac{1}{2}\theta + A_1 \sin^2\theta)\, d\theta = \pi c p V^2 (A_0 + \tfrac{1}{2} A_1).$$

Wir können jetzt zeigen, daß der Auftriebskoeffizient

$$C_L = \pi(2A_0 + A_1) = \pi\left(2\alpha + \frac{2}{\pi}\int_0^{\pi} \frac{dy}{dx}(1+\cos\theta)\, d\theta\right)$$

$= 2\pi(\lambda_1 + \alpha)$ ist, wobei

$$\lambda_1 = \frac{1}{\pi}\int_0^{\pi} \frac{dy}{dx}(1+\cos\theta)\, d\theta.$$

Es ist jetzt deutlich, daß $\lambda_1 + \alpha$ die absolute Wirkweite mißt; λ_1, gibt uns die Richtung der Nullauftrieb-Achse an (siehe Zeichung).

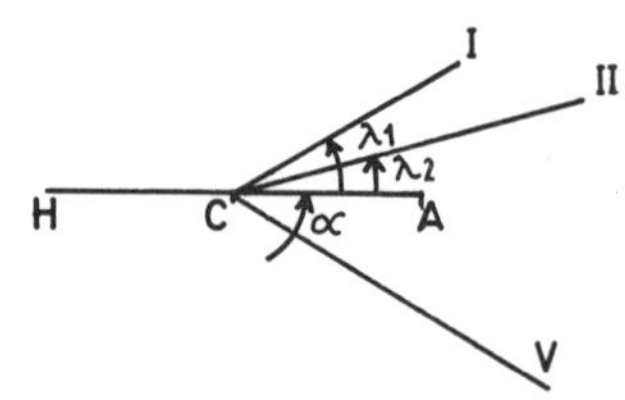

Da die Tragfläche A H im Papiermodell flach ist, fällt das Zentrum der Spannweite C mit dem Profil-Mittelpunkt zusammen (was nicht immer der Fall ist), so daß der Winkel λ_1, I bestimmt. Wir betrachten jetzt λ_1. Durch Integration erhalten wir

$$\frac{dy}{dx}(1+\cos\theta)=2\frac{dy}{dx}\left(\frac{1+\cos\theta}{c\sin\theta}\right)=\frac{2dy}{cd\theta}\cot\frac{1}{2}\theta$$

$$\lambda_1=\frac{2}{\pi c}\int_0^{\pi}\frac{dy}{d\theta}\cot\frac{1}{2}\theta d\theta$$

$$=\frac{2}{\pi c}\left(y\cot\frac{1}{2}\theta\right)\Big]_0^{\pi}+\frac{2}{\pi c}\int_0^{\pi}y\cdot\frac{1}{2}\csc^2\frac{\theta}{2}d\theta$$

An der Flügelvorderkante, O = π, verschwindet das integrierte Glied; an der Hinterkante stellt sich die Form so dar O · ∞. Daraus folgt:

$$\lim_{\theta\to 0} y\cot\frac{1}{2}\theta=\lim_{\theta\to 0}\frac{y}{\sin\frac{1}{2}\theta}=\lim_{\theta\to 0}\frac{dy/d\theta}{d(\sin\frac{1}{2}\theta)/d\theta}$$

Wenden wir nun die Regel von l'Hospitals an, dann können wir

$$\frac{dy}{d\theta}=\frac{dy}{dx}\cdot\frac{dx}{d\theta}=\frac{1}{2}c\sin\theta\frac{dy}{dx}$$

schreiben.

Daraus ergibt sich:

$$\lim_{\theta\to 0} y\cot\frac{1}{2}\theta=\lim_{\theta\to 0}\left(\frac{dy}{dx}2c\sin\frac{1}{2}\theta\right)=0$$

es sei denn, daß an der Flügelhinterkante

$$\frac{dy}{dx}\longrightarrow\infty$$

Im Papierflügel-Fall fällt das Profil mit der Wölbungslinie zusammen, wodurch die Schwierigkeit umgangen wird. So erhalten wir schließlich

$$\lambda_1=\frac{2}{\pi}\int_0^{\pi}\frac{y}{c}\cdot\frac{1}{1-\cos\theta}d\theta$$

Das Resultat kann jetzt graphisch gewonnen werden. Dies sei jedoch als Übungsaufgabe empfohlen.

In Anerkennung Ihrer Bemühungen in dieser Angelegenheit verbleibe ich

Joe Dauben

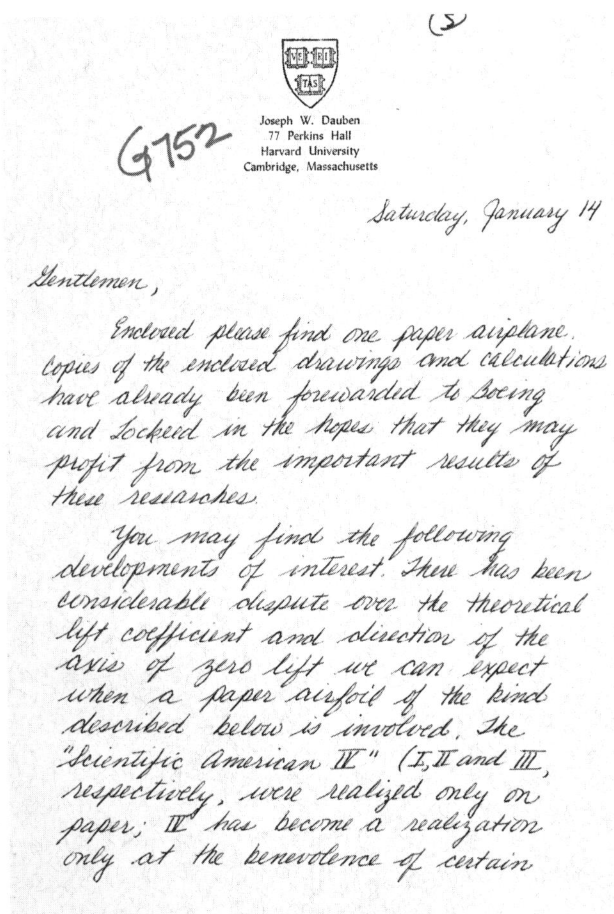
(5)

G752

Joseph W. Dauben
77 Perkins Hall
Harvard University
Cambridge, Massachusetts

Saturday, January 14

Gentlemen,

Enclosed please find one paper airplane. Copies of the enclosed drawings and calculations have already been forewarded to Boeing and Lockeed in the hopes that they may profit from the important results of these researches.

You may find the following developments of interest. There has been considerable dispute over the theoretical lift coefficient and direction of the axis of zero lift we can expect when a paper airfoil of the kind described below is involved. The "Scientific American IV" (I, II and III, respectively, were realized only on paper; IV has become a realization only at the benevolence of certain

2.

anonymous patrons of the sciences), whose airfoil presents certain unique advances, offers maximum surface area at a minimum cost (about \$.02 per square inch).

It is clear from the Kutta-Joukowski theorem that $L = 2\pi K\rho V = 2\pi\rho V\int_{-c/2}^{c/2} K\,dx$

$$= 2\rho V^2\int_0^{\pi}\left(A_0\tan\tfrac{1}{2}\theta + \sum_1^{\infty} A_n \sin n\theta\right)\tfrac{1}{2}c\sin\theta\,d\theta.$$

Assuming $n>1$, we now have that

$\int_0^{\pi}\sin n\theta\sin\theta\,d\theta = 0$, and consequently

$L = c\rho V^2\int_0^{\pi}(2A_0\sin^2\tfrac{1}{2}\theta + A_1\sin^2\theta)\,d\theta = \pi c\rho V^2(A_0 + \tfrac{1}{2}A_1)$. We can now show that the lift coefficient is

$C_L = \pi(2A_0 + A_1) = \pi\left(2\alpha + \frac{2}{\pi}\int_0^{\pi}\frac{dy}{dx}(1+\cos\theta)\,d\theta\right) = 2\pi(\lambda_1 + \alpha)$ where

$\lambda_1 = \frac{1}{\pi}\int_0^{\pi}\frac{dy}{dx}(1+\cos\theta)\,d\theta.$

It is now clear that $\lambda_1 + \alpha$ measures the absolute incidence; λ_1 gives us the direction of the axis of zero lift (see diagram following.)

3.

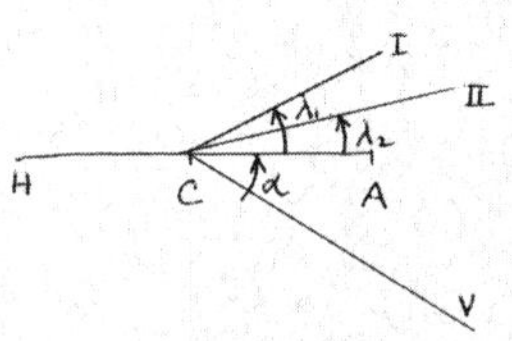

Since the airfoil AH in the paper model is flat, the center of the chord C is also the center of the profile (which is not always the case) so that the angle λ_1 determines I.

We now consider λ_1, integrating to obtain

$$\frac{dy}{dx}(1+\cos\theta) = 2\frac{dy}{d\theta}\left(\frac{1+\cos\theta}{c\sin\theta}\right) = \frac{2}{c}\frac{dy}{d\theta}\cot\tfrac{1}{2}\theta$$

hence

$$\lambda_1 = \frac{2}{\pi c}\int_0^{\pi}\frac{dy}{d\theta}\cot\tfrac{1}{2}\theta\,d\theta =$$

$$\frac{2}{\pi c}\left(y\cot\tfrac{1}{2}\theta\right)\Big]_0^{\pi} + \frac{2}{\pi c}\int_0^{\pi} y\cdot\tfrac{1}{2}\csc^2\frac{\theta}{2}\,d\theta$$

Now, at the leading edge, $\theta=\pi$, the integrated part vanishes; at the trailing edge the form is $0\cdot\infty$. It now follows that

4.

$$\lim_{\theta\to 0} y\cot\tfrac{1}{2}\theta = \lim_{\theta\to 0}\frac{y}{\sin\frac{1}{2}\theta} = \lim_{\theta\to 0}\frac{dy/d\theta}{d(\sin\frac{1}{2}\theta)/d\theta}$$

Applying l'Hospitals rule we can write

$$\frac{dy}{d\theta} = \frac{dy}{dx}\cdot\frac{dx}{d\theta} = \tfrac{1}{2}c\sin\theta\frac{dy}{dx}$$

It now follows that

$$\lim_{\theta\to 0} y\cot\tfrac{1}{2}\theta = \lim_{\theta\to 0}\left(\frac{dy}{dx}2c\sin\tfrac{1}{2}\theta\right) =$$

0, unless $\frac{dy}{dx}\to\infty$ at the trailing edge. In the case of the paper airfoil, the profile coincides with the camber line and the difficulty is avoided.

We finally have that

$$\lambda_1 = \frac{2}{\pi}\int_0^{\pi}\frac{y}{c}\cdot\frac{1}{1-\cos\theta}\,d\theta.$$

The result can now be obtained graphically, and is left as an exercise.

Appreciating your concern in these matters, I remain,

Sincerely,
Joe Dauben

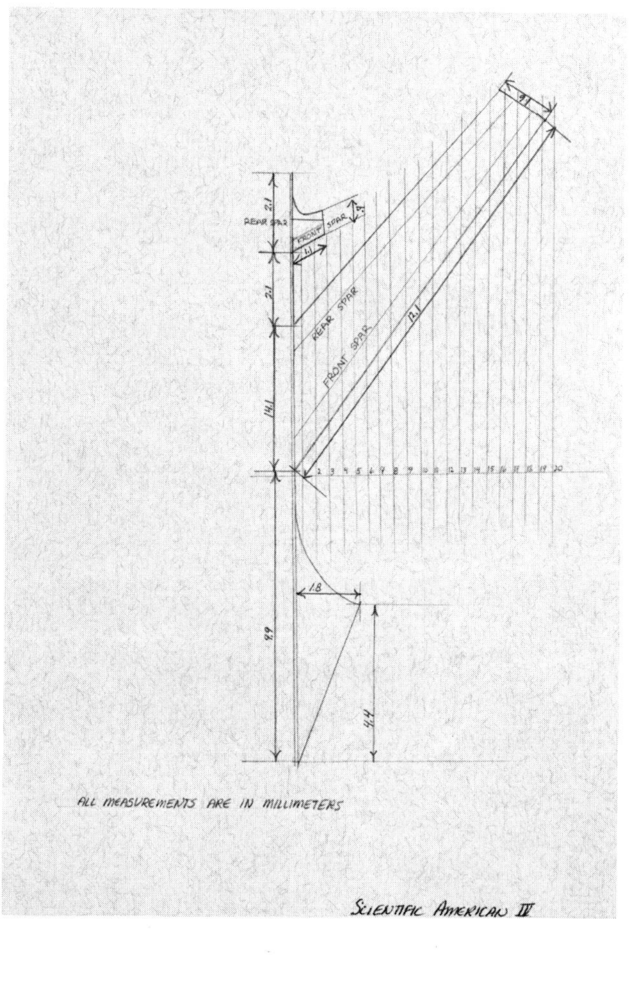

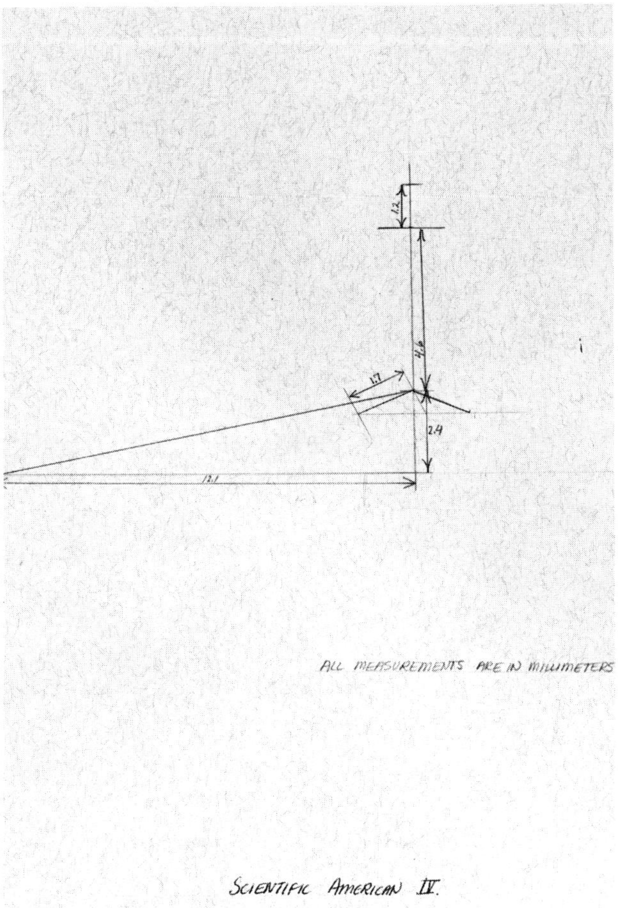
ALL MEASUREMENTS ARE IN MILLIMETERS
SCIENTIFIC AMERICAN IV.

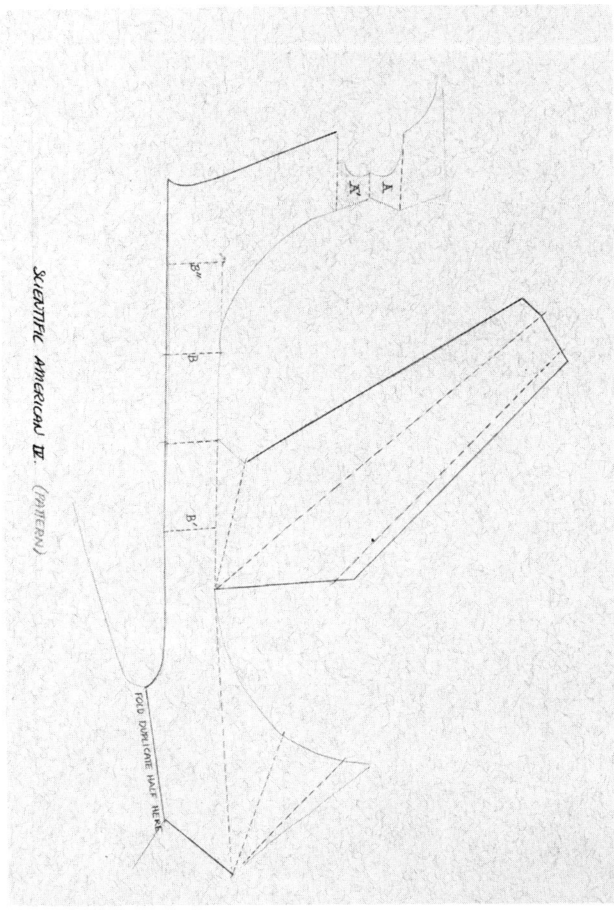
SCIENTIFIC AMERICAN IV. (PATTERN)
FOLD DUPLICATE HALF HERE

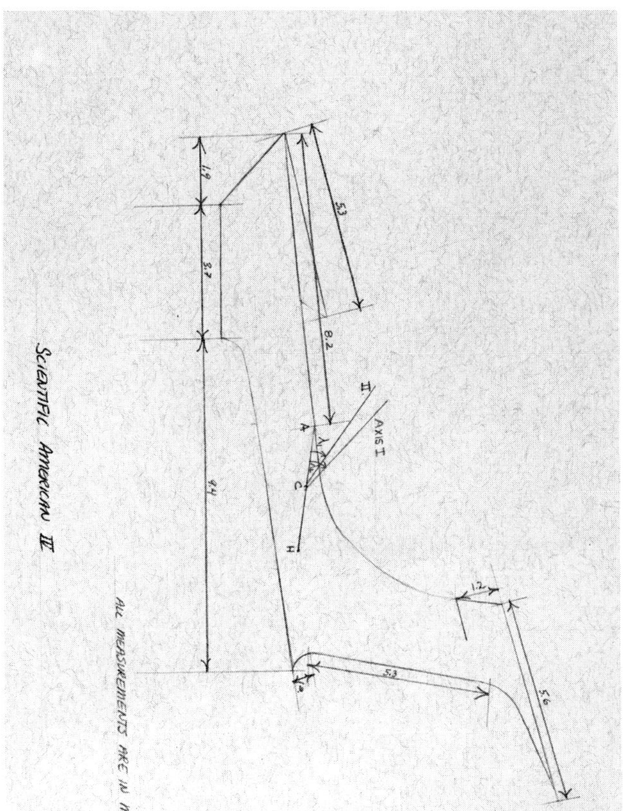
SCIENTIFIC AMERICAN IV
ALL MEASUREMENTS ARE IN MILLIMETERS
AXIS I

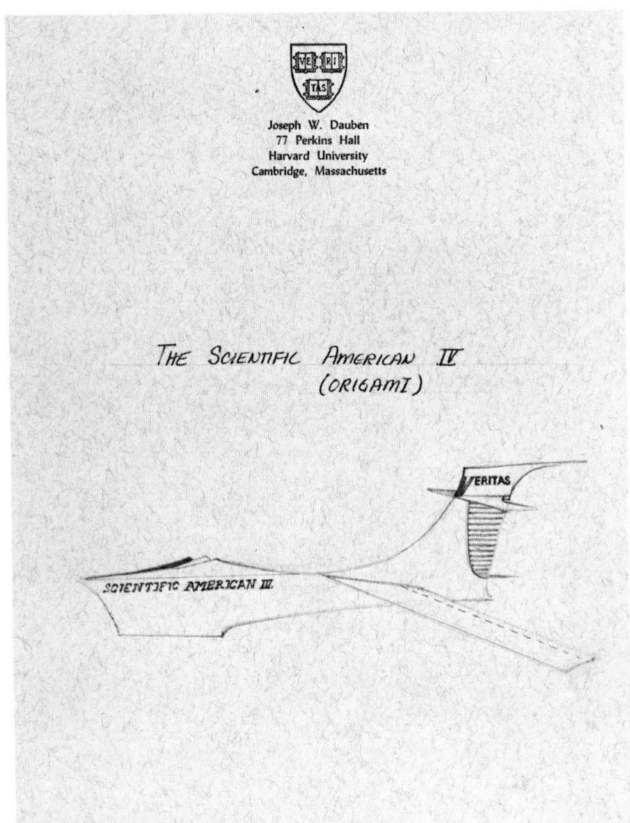
Joseph W. Dauben
77 Perkins Hall
Harvard University
Cambridge, Massachusetts
THE SCIENTIFIC AMERICAN IV
(ORIGAMI)
SCIENTIFIC AMERICAN IV

Die dritte Anzeige, in der die Sieger des Wettbewerbs angekündigt wurden, wies darauf hin, daß sie alle auf irgendeine Weise über technische Erfahrung verfügten. Es hätte uns nicht überraschen dürfen, herauszufinden, daß Leute mit einer klaren Vorstellung von dem, was sie vorhatten und mit bestimmten wissenschaftlichen Daten, die ihnen für die Arbeit zur Verfügung standen, mehr erreichten als andere.

Zwei der sieben Gewinner haben Orville Wright persönlich gekannt. Einer der Sieger, Captain Barnaby (Abbildung 16) ist selbst so etwas wie ein Luftfahrt-Pionier. Er hat als erster ein Segelflugzeug geflogen, das von einem lenkbaren Luftschiff aus gestartet worden war. Es ist eine seiner vielen Ersttaten, für die ihm der Ehrentitel Luftfahrt-Pionier von der Air Association of the United States verliehen wurde. Mister Hooven hat uns

Abb. 16: Captain Barnaby

FREDERICK J. HOOVEN
910 SUNNINGDALE DRIVE
BLOOMFIELD HILLS, MICHIGAN

26. Januar, 1967

Herrn Leonardo da Vinci
i. Hse. *Scientific American*
Abteilung Papierflieger
415 Madison Avenue
New York City, New York 10017

Lieber Leonardo
Die beiliegenden fliegenden Papierflügel sind kaum größer als die Tragflächenmodelle, die Orville Wright und ich vor fast fünfzig Jahren in seinem Windtunnel getestet haben. Ihre Reflex-Hinterkanten sind gerade so bemessen, daß sich das Zentrum des Drucks innerhalb des Stabilitäts-Spielraums hält. Benutzt man als Maßstab für Flugstrecke und Flugdauer die Sinkrate und den Gleitwinkel in der Gleichgewichtslage anstatt lediglich zu prüfen, wie weit jemand das Flugzeug werfen kann, dann dürfte die Leistung dieser Modelle recht beachtlich sein. Sie sind in diesen beiden Kategorien für den Wettbewerb bestimmt.
Im Jahr 1920, als ich ein 15jähriger Schüler war, hatte ich zusammen mit vier Freunden ein Flugzeug gebaut. Orville Wright war Mitglied des Schulvorstands unserer Schule, darum fanden wir es ganz natürlich, mit unseren Plänen und Ideen zu ihm zu gehen. Er mochte Jungen gern. Ich glaube, daß er bei ihnen das Gefühl hatte, nicht so reserviert sein zu müssen wie bei Erwachsenen, die ihn für eine Schirmherrschaft gewinnen oder ihn bitten wollten, jemanden jemand anderem vorzustellen, oder von ihm erwarteten, er solle eines der vielen anderen Dinge tun, mit denen berühmte Leute stets belästigt werden.
Wie auch immer, der Mann, der sich in der Öffentlichkeit so zurückhaltend gab und Menschen, die er nicht gut kannte, mit Reserviertheit entgegentrat – zu uns war er freundlich und offen, stundenlang sprach er mit uns über Aeronautik und er erzählte uns von seiner Arbeit mit Wilbur und wie sie die Probleme gelöst hatten, die sich ihnen stellten.
Manche Leute übersehen, daß Jungen durchaus in der Lage sind, viele Dinge zu verstehen, er aber sprach mit uns sachlich und ernsthaft, so als unterhalte er sich mit einem erwachsenen Ingenieur. Die Aeronautik hatte durch den Weltkrieg 1914 – 1918 gerade einen Aufschwung erhalten, sie entwickelte und veränderte sich in raschem Tempo. Wir lasen eifrig alle Lehrbücher und die Veröffentlichungen des National Advisory Committee for Aeronautics, die in jenen Tagen noch so geschrieben waren, daß sie ein Fünfzehnjähriger verstehen konnte. Bald erkannten wir, daß Orville in der Aeronautik gestorben war als sein Bruder Wilbur starb. Von all dem, was er uns über Aeronautik erzählte, stammte nichts aus der Zeit nach Wilburs Tod. Doch wir waren zutiefst beeindruckt, über wieviel Probleme der so komplexen Aufgabe „Fliegen“ die beiden Brüder vor dieser Zeit bereits nachgedacht hatten.
Wir haben oft das Laboratorium in der Third Street besucht. Und er hatte immer Zeit, uns zu sehen und mit uns über unsere Probleme zu sprechen. Er überredete uns nicht, das Flugzeug so zu bauen, wie er es getan hätte. Er diskutierte mit uns über die Konstruktion der Tragflächen und erklärte uns, wie er und Wilbur herausgefunden hatten, auf welche Weise sich verhüten läßt, daß sie ins Trudeln geraten, aber er ließ uns gewähren. Einer der Punkte, über die wir debattierten, war die Frage: dicke oder dünne Tragflächen. Wir wollten dicke Flügel verwenden und verwiesen ihn auf die NACA-Studie, in der nachgewiesen worden war, um wieviel besser sie wären als die flachen Profile, zu denen er uns geraten hatte. Er nahm uns diesen Affront gegen seine Autorität nicht übel. Er zeigte uns lediglich die Testresultate, die er und sein Bruder in den Jahren 1908 und 1902 erhalten hatten. Wir entdeckten einige der alten Modelle und wir bauten unsere eigenen. Beide prüften wir immer wieder in seinem Windtunnel, wobei wir die so genial und elegant konstruierte kleine Waage benutzten, mit der er und Wilbur die schwachen Kräfte an den winzigen Tragflächen gemessen hatten. Unsere Ergebnisse entsprachen genau dem, was er uns prophezeit hatte – wir beschlossen, dünne Tragflächen zu verwenden. Es erging ihm nicht zum erstenmal so, und er hatte gelernt, seinen und Wilburs gemeinsamen Experimentalergebnissen zu vertrauen, auch dann, wenn sie so bedeutende Autoritäten wie die NACA oder Simon Newcom – er hatte bewiesen, daß das Fliegen unmöglich sei – oder Samuel Langley zu Lügnern machten. Wir vertrauten ihnen nun auch.

Jahre später erst erfuhren wir von den Reynolds Zahlen und welcher Effekt der Luftviskosität bei Experimenten an kleinen Modellen in geringen Geschwindigkeiten zuzuschreiben ist. In der modernen Aerodynamik hat man längst die Effekte dritter Ordnung, oder was man auch den viskosen Unterschallbereich der Aerodynamik nennen könnte, vergessen. Doch in der frühen Flugzeugentwicklung spielte er eine entscheidende Rolle. Im Windtunnel der Gebrüder Wright wurden Profile von einer Spannweite von 15 Zentimetern bei einer Windgeschwindigkeit von etwa 65 Kilometern in der Stunde oder 18 Metern pro Sekunde getestet. Alle Windtunnel hatten zu jener Zeit etwa diese Größe und Windgeschwindigkeit. Den damals wahrscheinlich besten hatte übrigens Eiffel gebaut, der Erbauer des Eiffelturms.

Wenn sowohl die Geschwindigkeiten als auch die Ausmaße klein sind, bewirkt die Luftviskosität einen eher laminaren als turbulenten Luftstrom. Und weil die von der Größenordnung und der Luftviskosität bedingten Einflüsse noch unbekannt waren, hatte man bei der damaligen Entwicklung großer Flugzeuge die irreführenden Daten, die aus den alten Windtunneln gewonnen worden waren, verwendet. Einer der gravierendsten Irrtümer, die daraus resultierten, war die Überzeugung, daß die dünnen Tragflächen vorzuziehen wären, denn sie ließen ein günstigeres Verhältnis von Luftwiderstand zu Auftrieb erkennen. Dies erklärt die Vorliebe für Doppeldecker und Eindecker mit viel Verspannung in jener Zeit.

Tony Fokker, der damals erst 19 Jahre alt und zu jung war, es besser zu wissen, hat als erster einen innenverstärkten, dicken Tragflügel für ein großes Flugzeug verwandt.

So fehlerhaft die alten Windtunnel-Resultate für die Anwendung auf große Flugzeuge waren – für Modellflugzeuge und Papierflieger im besonderen sind sie absolut gültig. Daß sich für Überschallmaschinen wiederum der dünne Flügel gegenüber dem dicken als vorteilhafter erweist, ist noch anderen Einflußgrößen zuzuschreiben. Die aus Papier gefaltete Flugzeugkonstruktion jedenfalls läßt sich am besten nach der Aerodynamik vor 1915 verwirklichen.

Mit freundlichen Grüßen
(gez.) Frederick Hooven

in einem langen Brief seine Erinnerungen an Orville Wright, den er als Junge kannte, mitgeteilt:

Mr. Wright war nicht der einzige Freund von Herrn Hooven. In einem Brief an Fred Goerner, dem Autor von „The Search for Amelia Earhart", ließ er diesen wissen, daß er unmittelbar vor Amelia Earharts Start zu ihrem Unglücksflug „einen der ersten Prototypen der modernen Flugpeilgeräte installiert" hatte. Doch, so fährt Hooven fort, „vor ihrem Abflug wurde das Gerät ausgebaut und gegen ein altmodisches Nulltyp-Peilgerät ausgetauscht, das sie dann mitnahm. Das moderne Instrument hätte ihr die Richtung zum Sender des Kutters Itasca und zur Station auf der Howland Insel gewiesen, sogar bei schlechten Empfangsbedingungen, und es hätte ihr absolut deutlich gemacht, daß ihr Flugziel noch nicht erreicht war."

Der Sieger im Origami (japanische Kunst des Papierfaltens), Dr. Sakoda (Abbildung 17), ein Experte im Programmieren von Computern, philosophiert:

„... es scheint, als seien für das Programmieren und die Origami-Kunst ähnliche Fertigkeiten erforderlich ... und ich habe einige Programmierer kennengelernt, die zugleich Papierfalter sind. Offenbar ist für beide Tätigkeiten die Fähigkeit vonnöten, Einzelteile in ein genau umschriebenes Gebiet einzupassen .. d. h. in einer begrenzten Umwelt räumlich sinnvoll zu arbeiten."

Dr. Sakoda fährt fort: „... wegen der Notwendigkeit, mit dem Raum in einem Flugzeug sparsam umzugehen, mag die Kunst des Papierfaltens etwa für jemanden, der zum Mond fliegen will, von Nutzen sein."

Und mit diesem Gedanken wollen wir schließen.

Abb. 17: Dr. Sakoda, hier vor anderen besonderen Origami-Werken

Abb. 18

JOHN CRAIG AND GEORGE PECK,
NEW YORK, NEW YORK

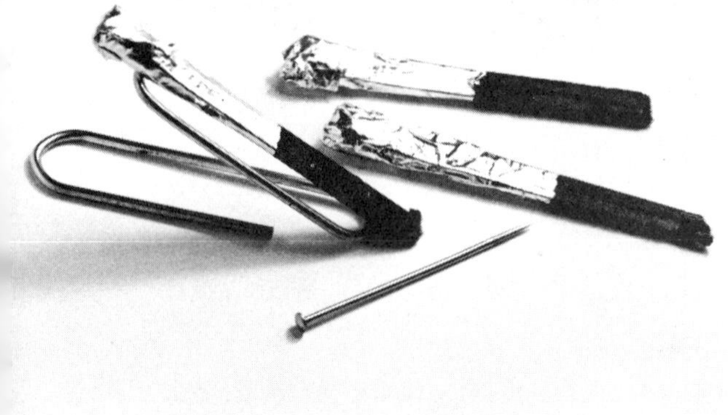

Abb. 19 Taschenrakete. Anleitung: Wickle Aluminiumfolie um die obere Hälfte eines Papierstreichholzes, steche eine Stecknadel von unten unter die Folie bis an den Streichholzkopf durch und ziehe sie wieder heraus, damit ein Abzugskanal entsteht. Lege das Streichholz auf den aufgebogenen Teil einer Büroklammer und halte ein angezündetes Streichholz an die Spitze. Tritt zurück.

S. J. TWEEDIE AND F. D. WOODRUFF,
FALLS CHURCH, VIRGINIA

Abb. 20

Y. HIHOMIYA,
TOKYO, JAPAN

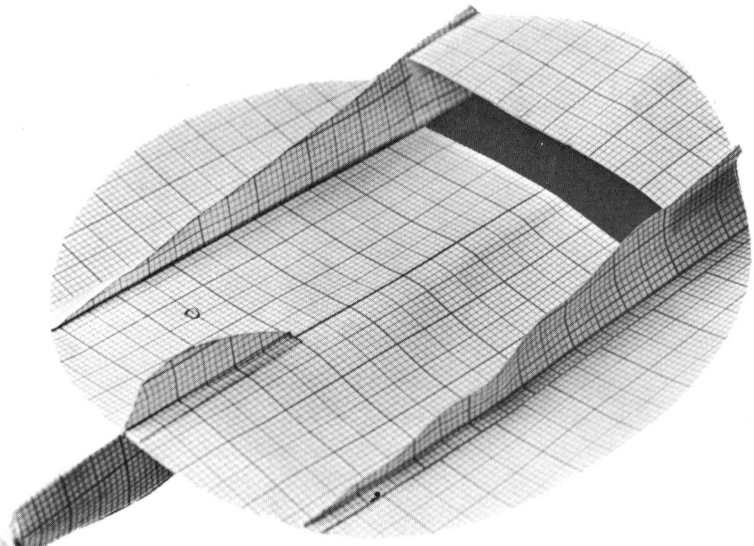

Abb. 21

CURTIS D. KISSINGER,
GLOVERSVILLE, NEW YORK

Abb. 22

LOUIS W. SCHULTZ,
OAK BROOK, ILLINOIS

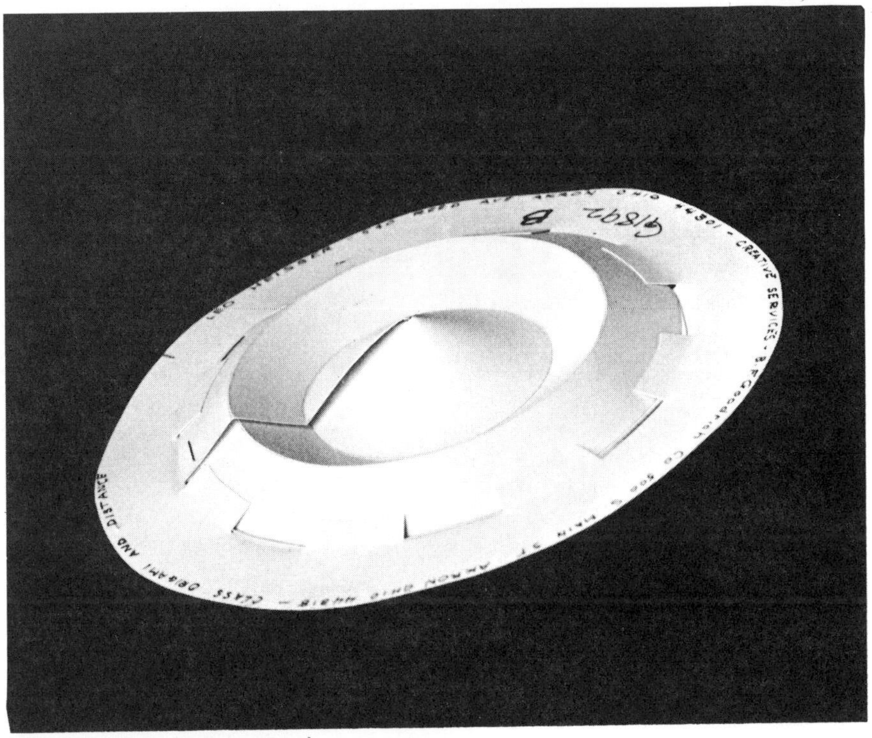

Abb. 23

LEO HEISSER,
AKRON, OHIO

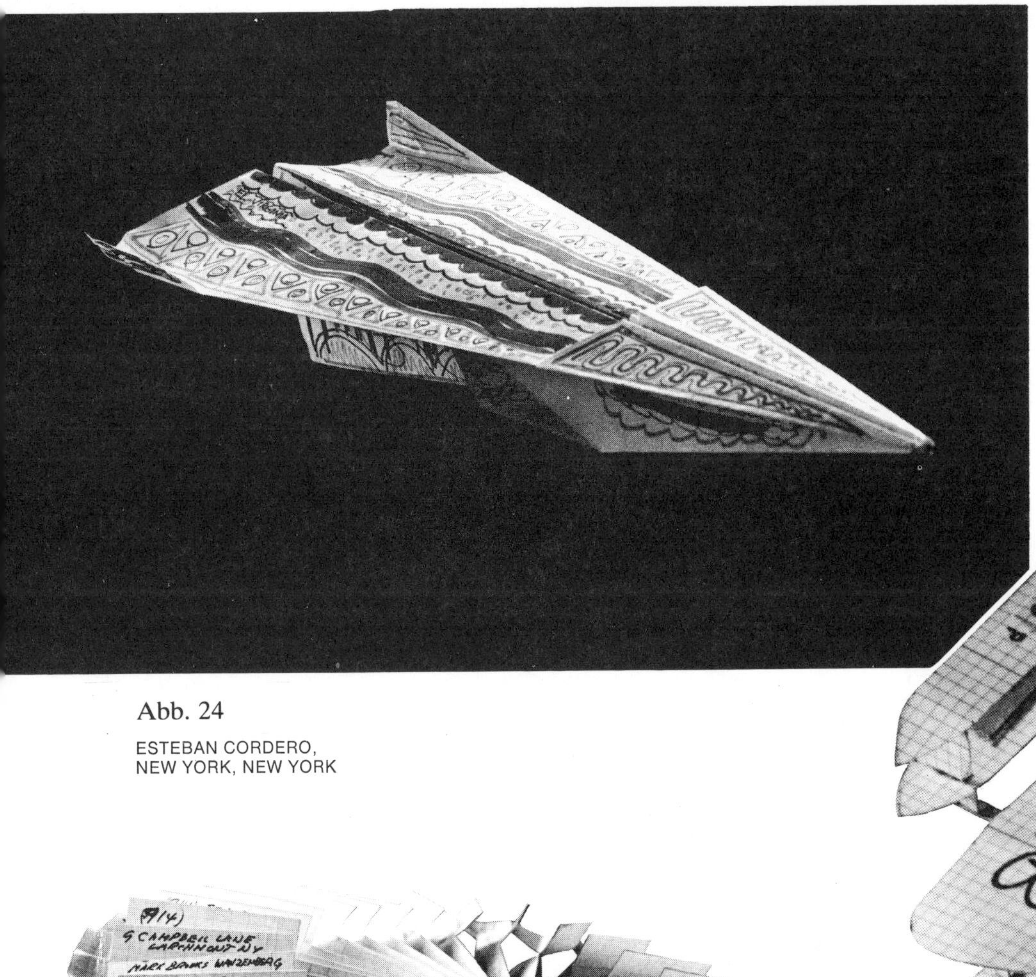

Abb. 24

ESTEBAN CORDERO,
NEW YORK, NEW YORK

Abb. 26

DAVID SEGAL,
PHILADELPHIA,
PENNSYLVANIA

Abb. 25

ANDREW KIMBALL AND
MARK B. WANZENBERG,
LARCHMONT, NEW YORK

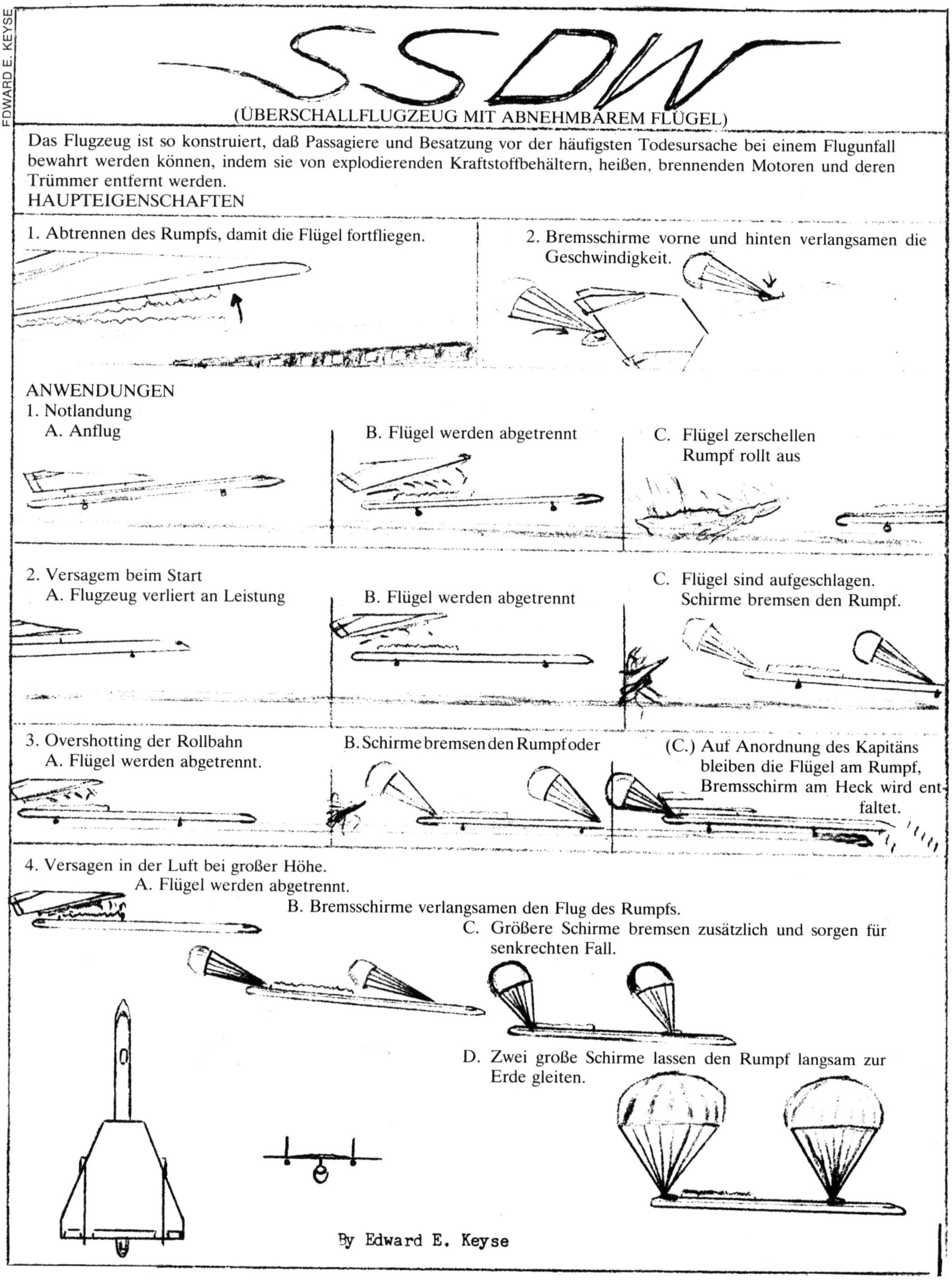

Abb. 27: Keyses Überschallflugzeug mit abnehmbaren Flügeln

Flieger 1

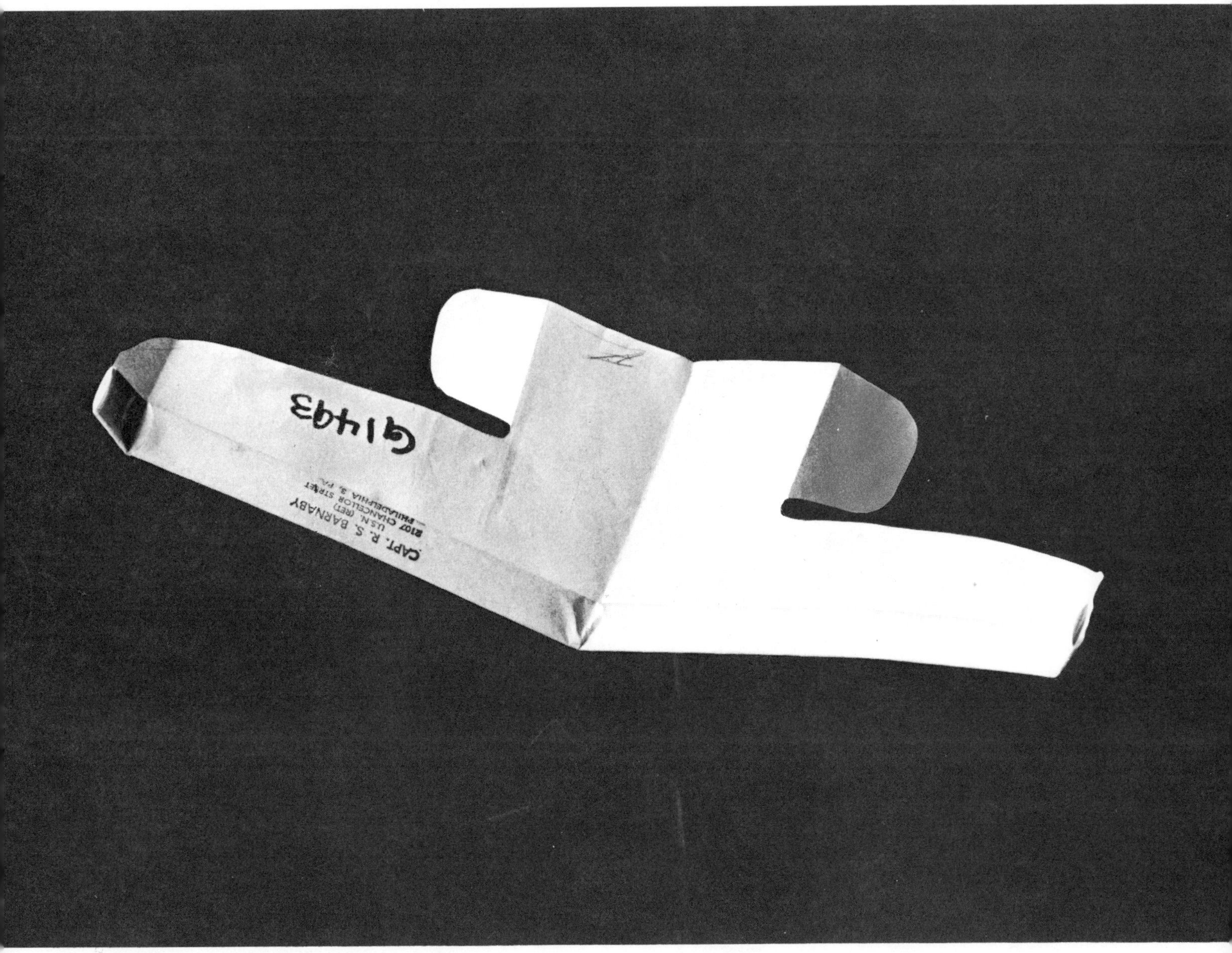

SIEGER IM KUNSTFLUG/PROFIS
Capt. R. S. Barnaby, US-Navy, i. Ruhestand
Philadelphia, Pennsylvanien
(Ausstellungsberater für das Franklin Institut; Luftfahrtpionier mit dem Titel "Elder Statesman of Aviation")

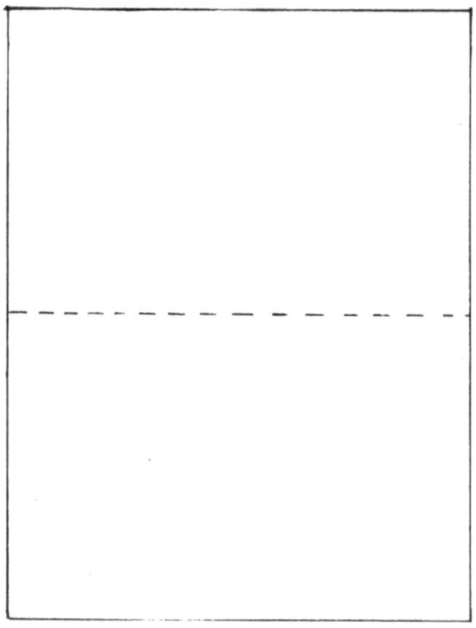

1. An Mittellinie nach oben und wieder zurück falten

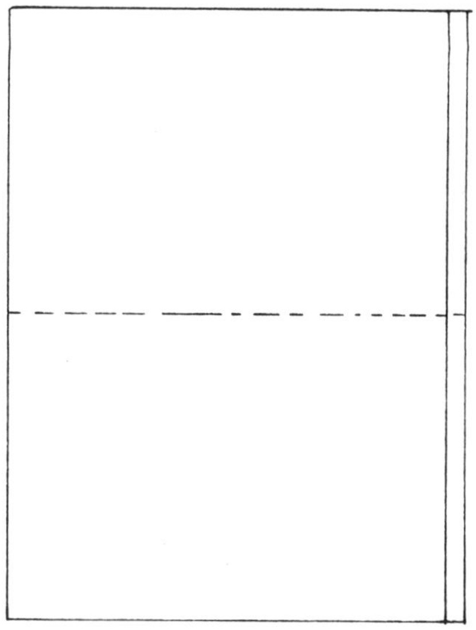

2. Beginne mit einem Falz von etwa 6 mm

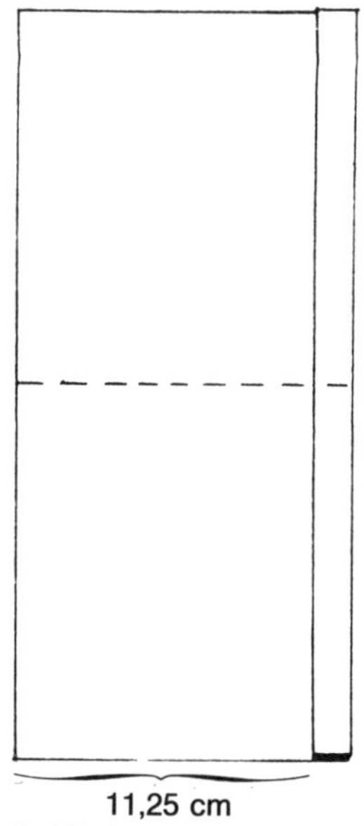

3. Weiter auffalten, bis zum durchgezogenen Strich etwa 11,5 cm vom Schwanzende entfernt

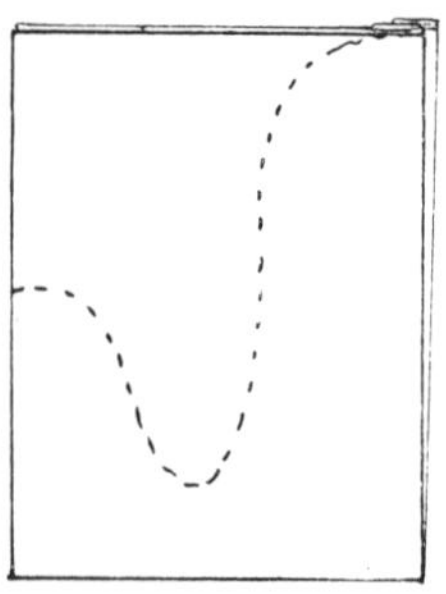

4. An der Mittellinie nach oben falten und dann die angegebene Figur ausschneiden

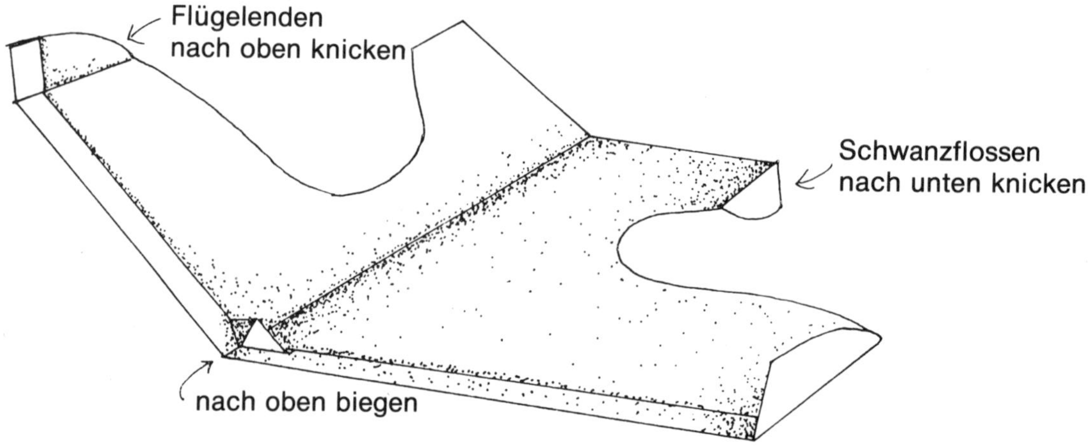

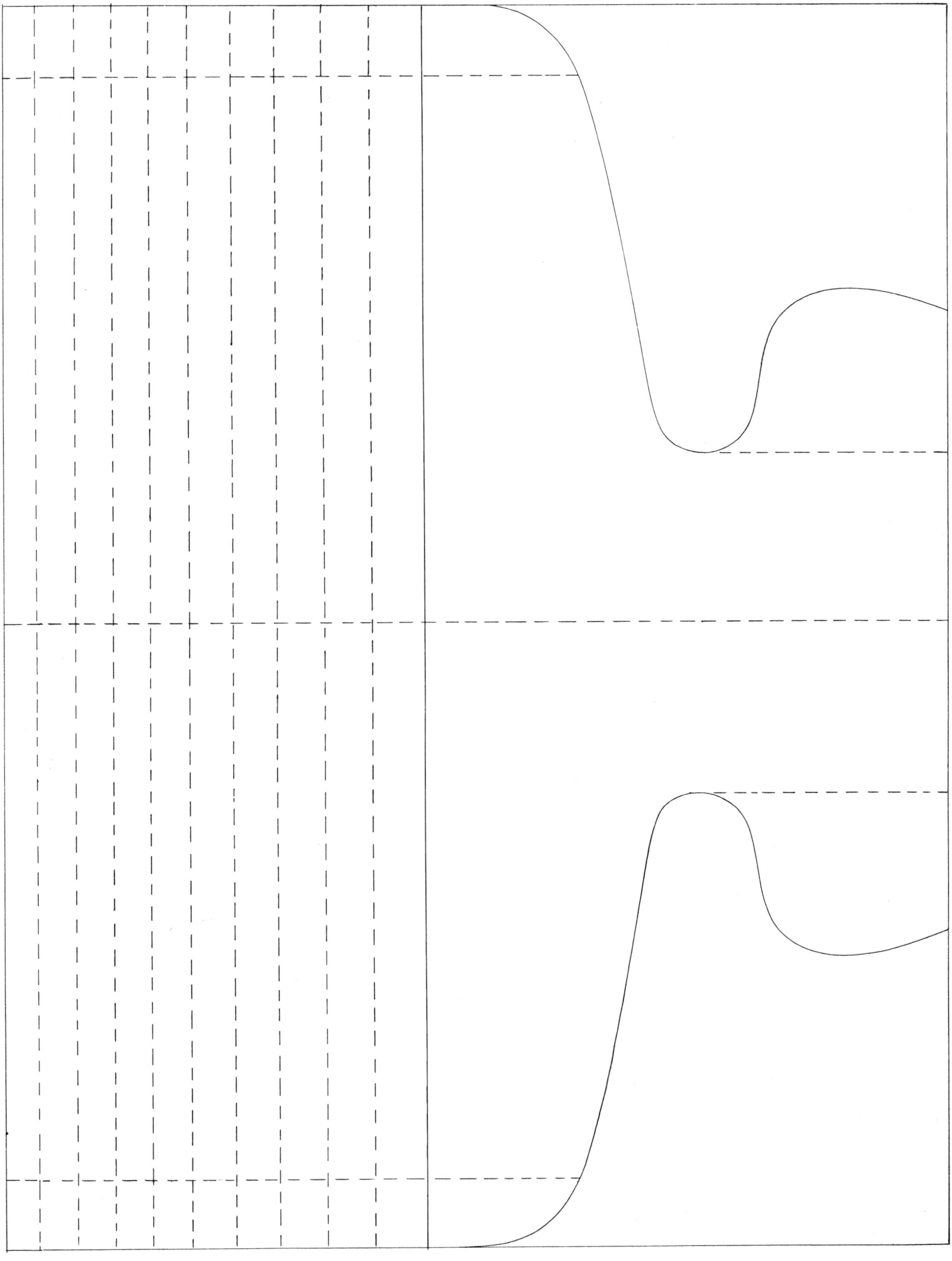

Flieger 2

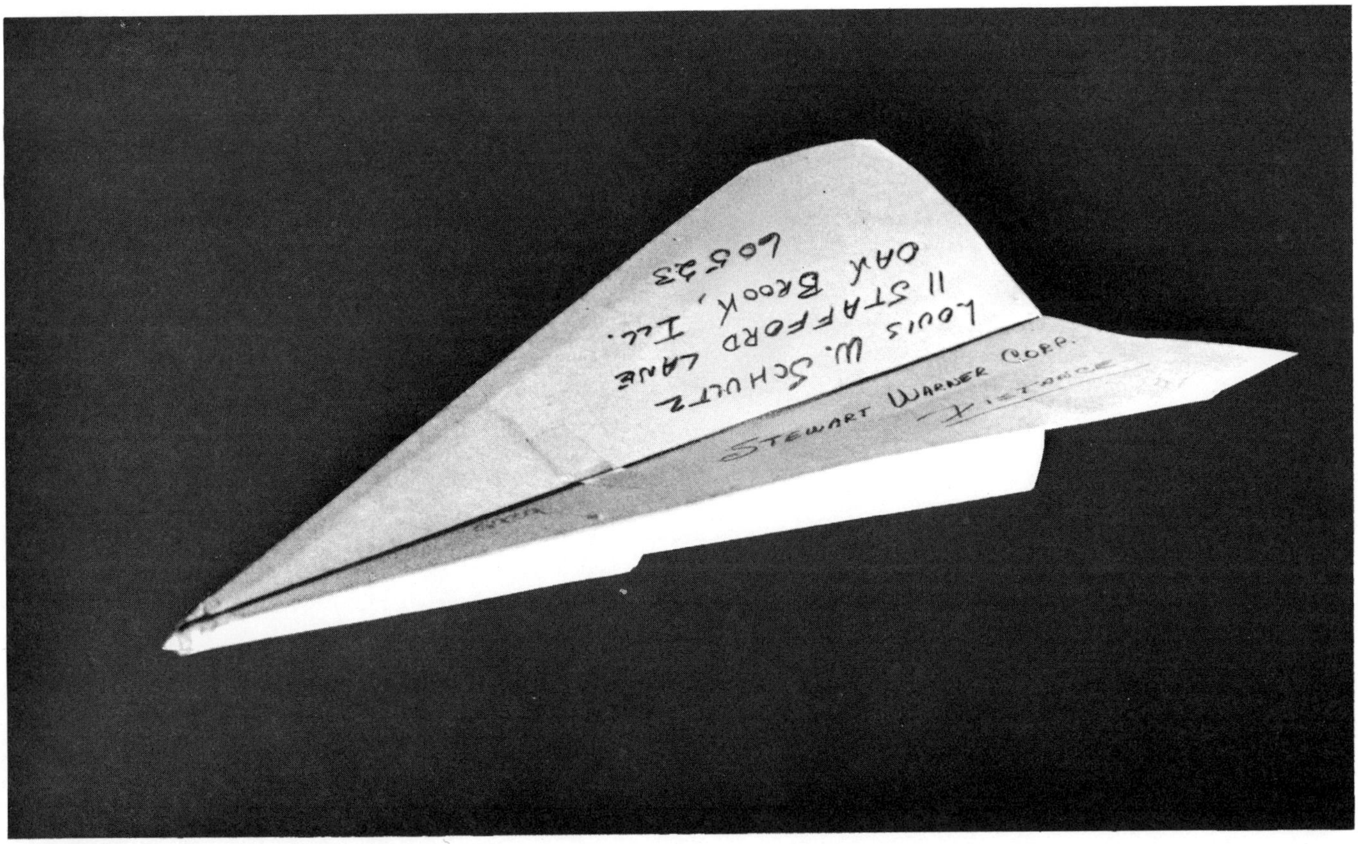

SIEGER: GEFLOGENE ENTFERNUNG/PROFIS
Louis W. Schulz
Oak Brook, Illinois
(Angestellter der Steward Warner Corporation)

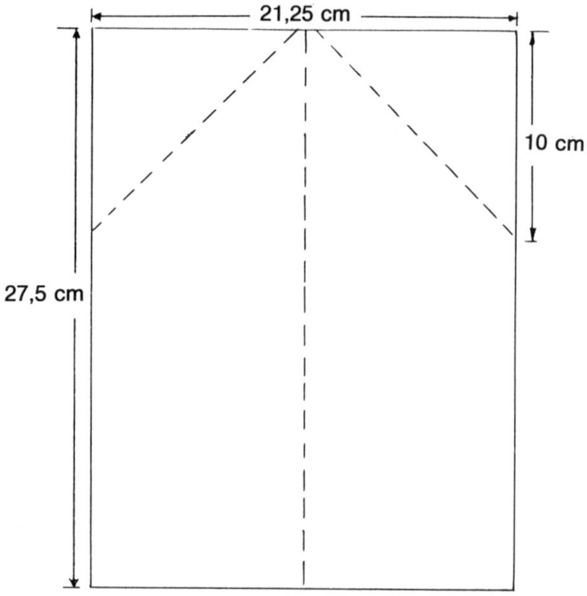

1. Mittellinie falzen. Ecken nach oben falten

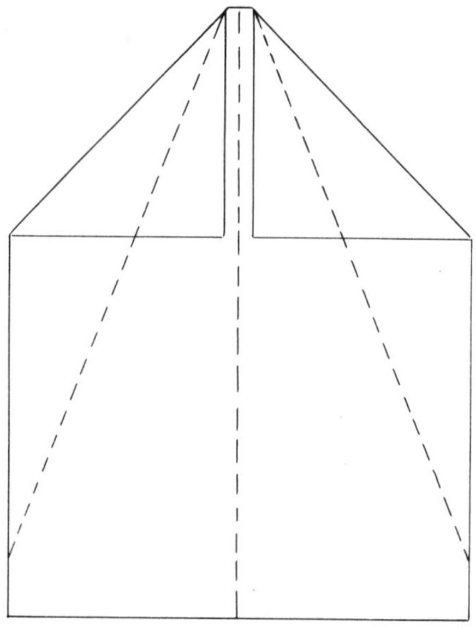

2. An den gestrichelten Linien nach oben falten

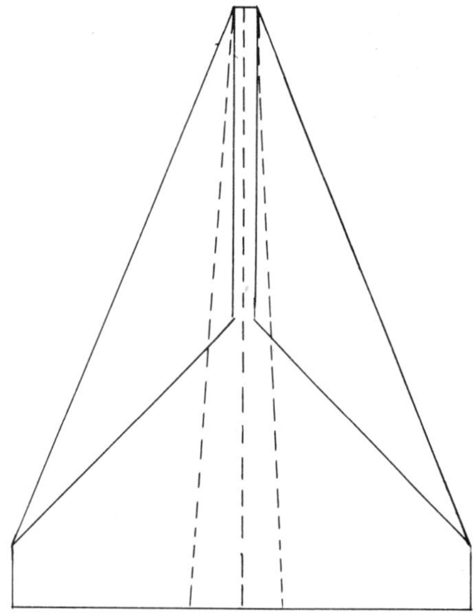

3. An der Mittellinie nach unten falten, an den gestrichelten Linien nach oben . . .

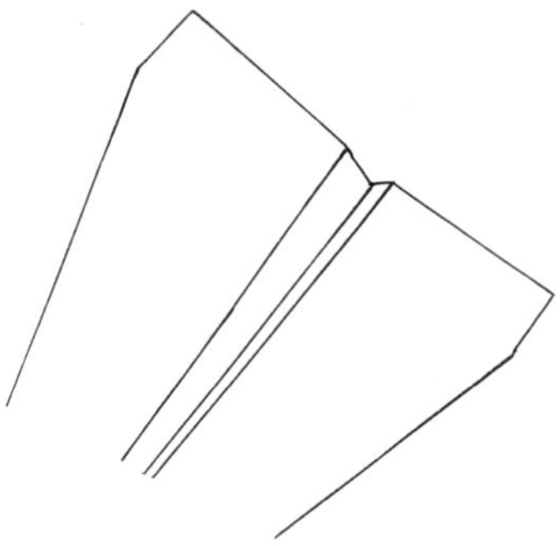

4. . . . so, daß dieses Gebilde entsteht

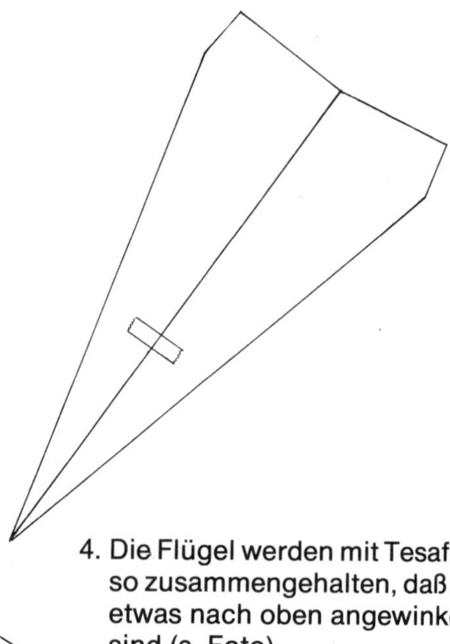

4. Die Flügel werden mit Tesafilm so zusammengehalten, daß sie etwas nach oben angewinkelt sind (s. Foto)

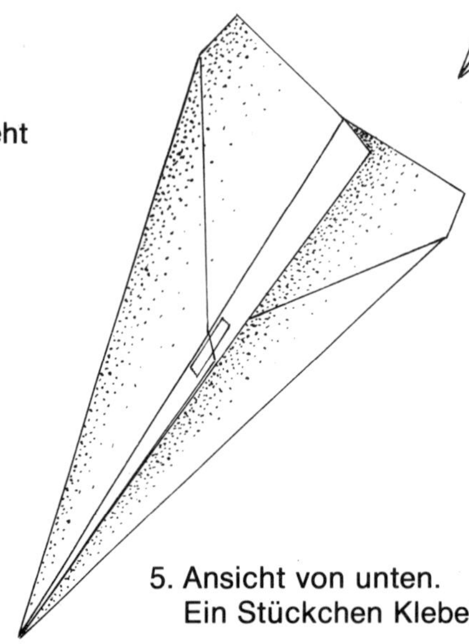

5. Ansicht von unten.
Ein Stückchen Klebeband hilft.

Flieger 2

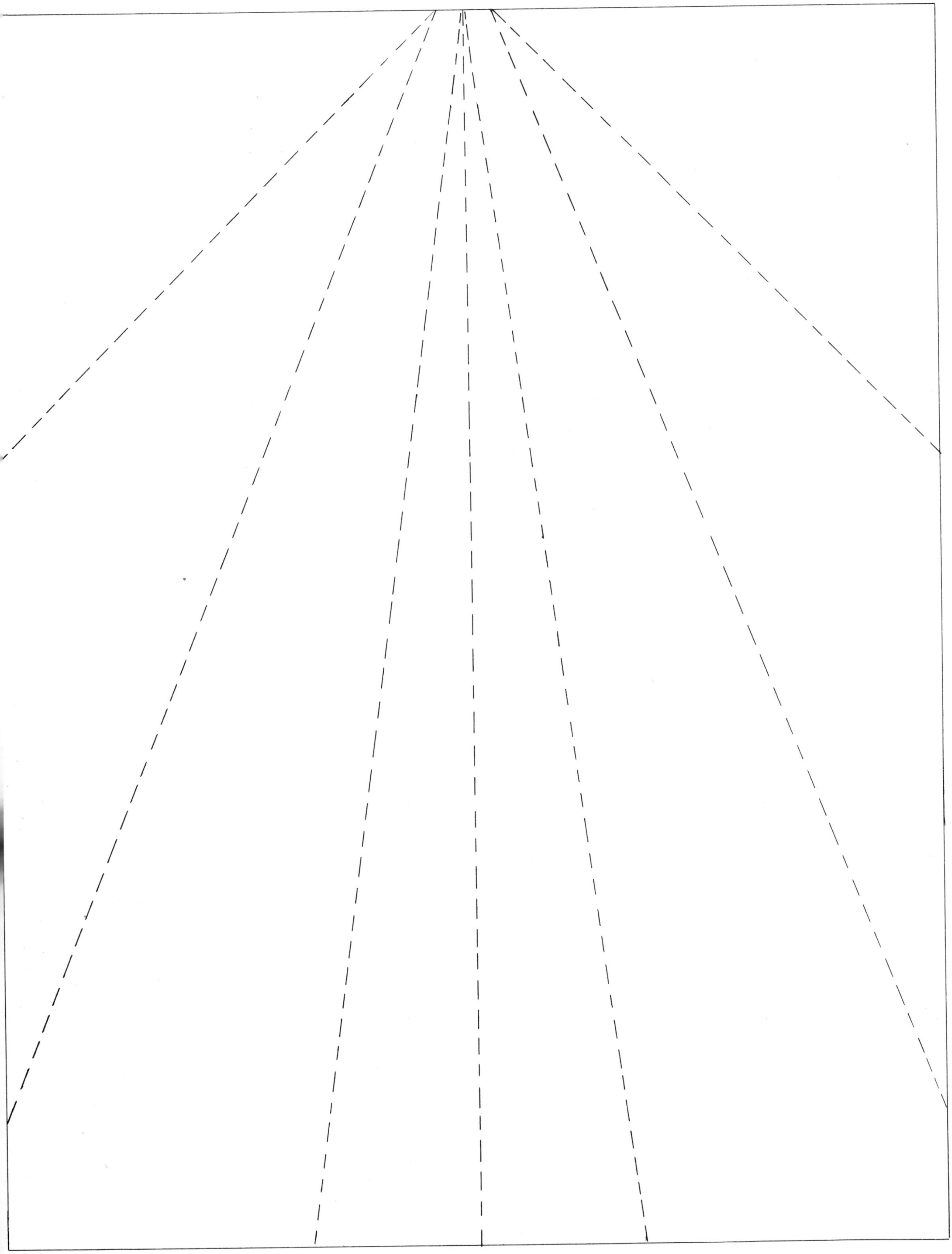

Flieger 3

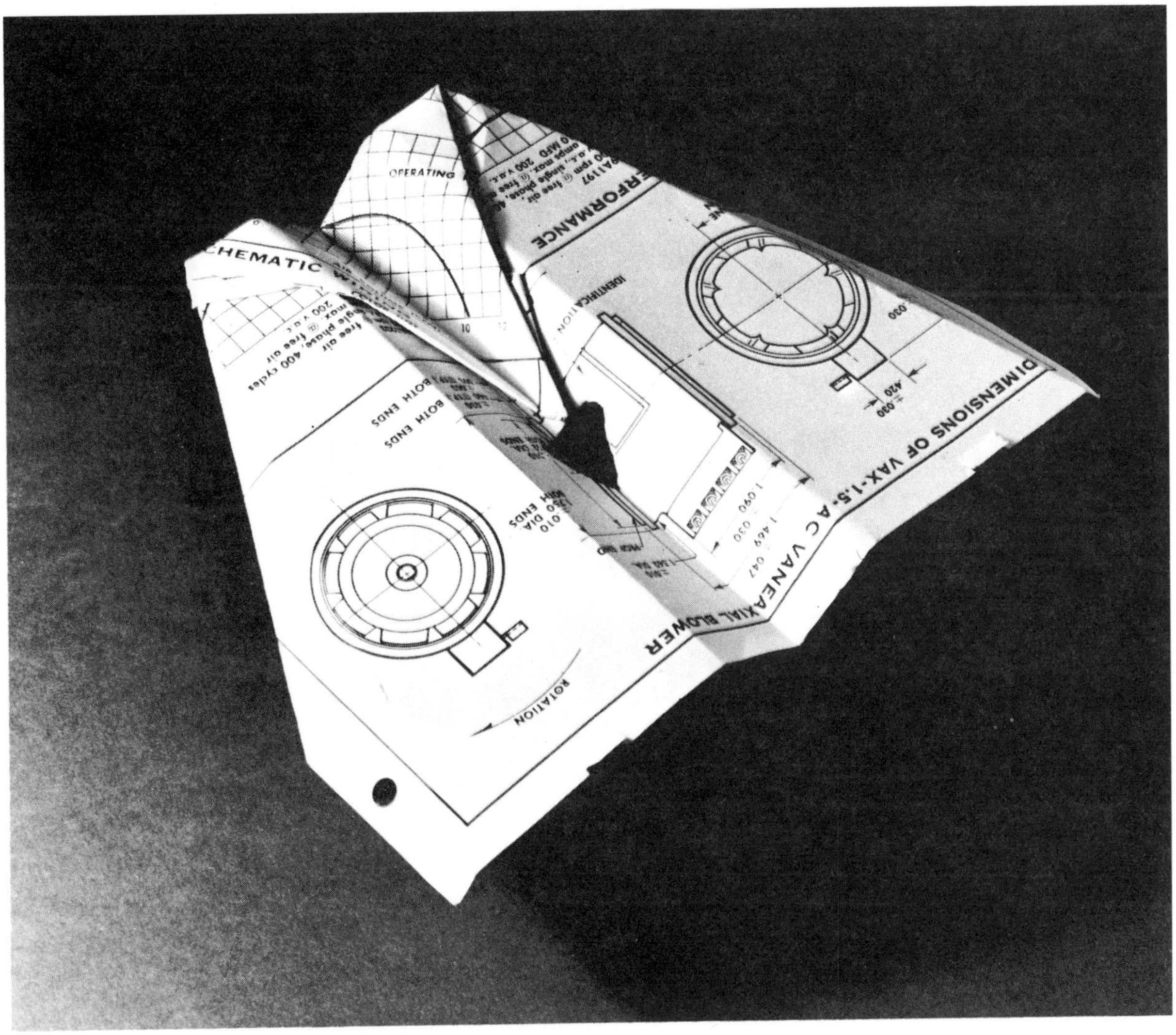

SIEGER: LÄNGSTE ZEIT IN DER LUFT/NICHT-PROFIS
Jerry A. Brinkman
Dayton, Ohio
(Stellvertretender Verkaufsleiter, Globe Industries)

Flieger 3

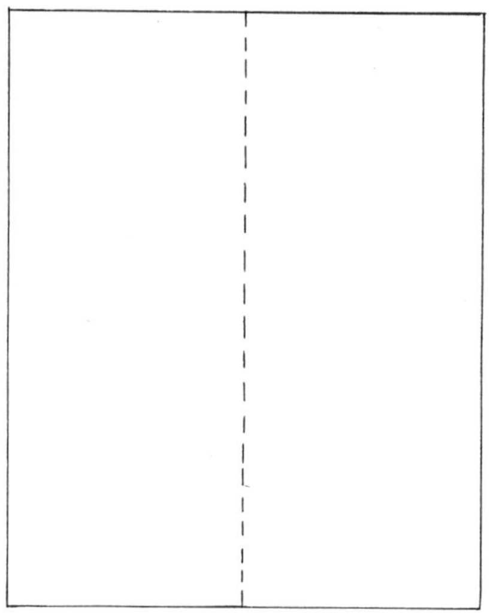

1. An der Mittellinie nach oben und zurück falten

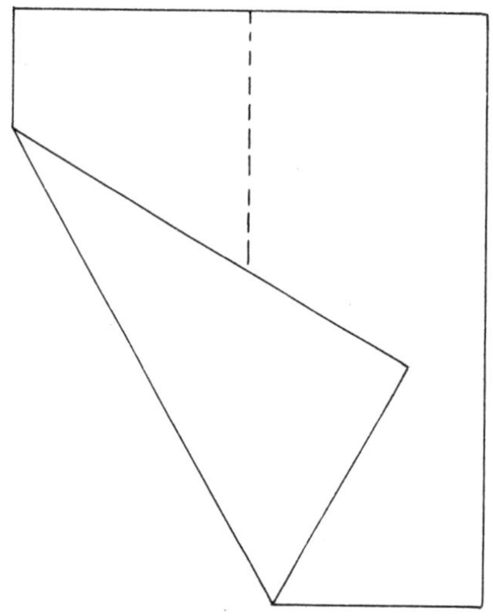

2. Ecke nach oben . . .

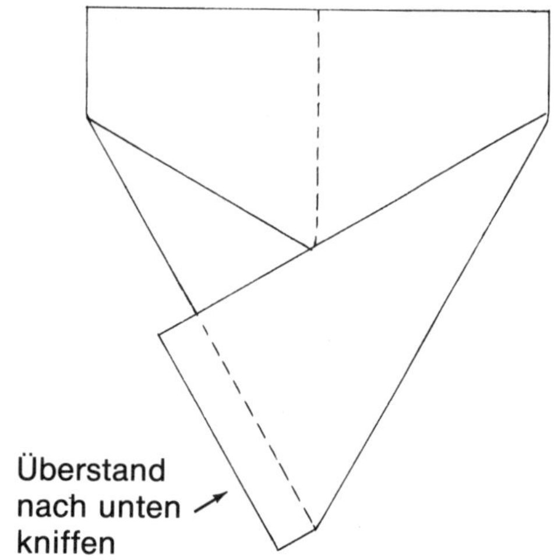

3. . . . ebenso die andere Ecke

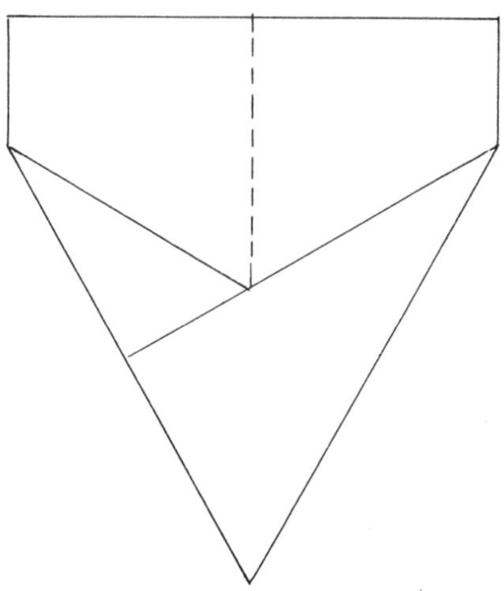

3. So soll es aussehen

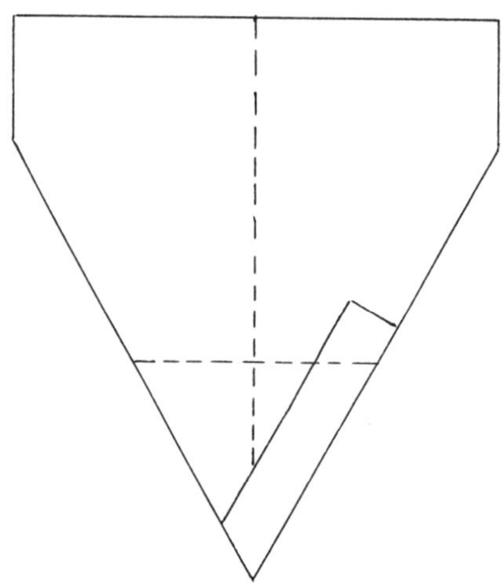

4. Flieger umdrehen

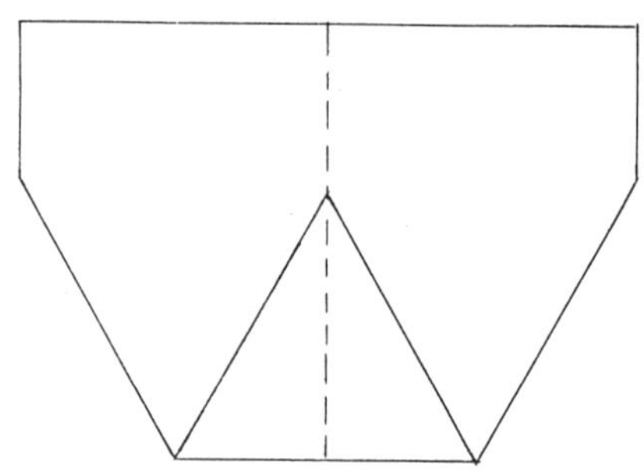

5. und die Nase nach oben falten

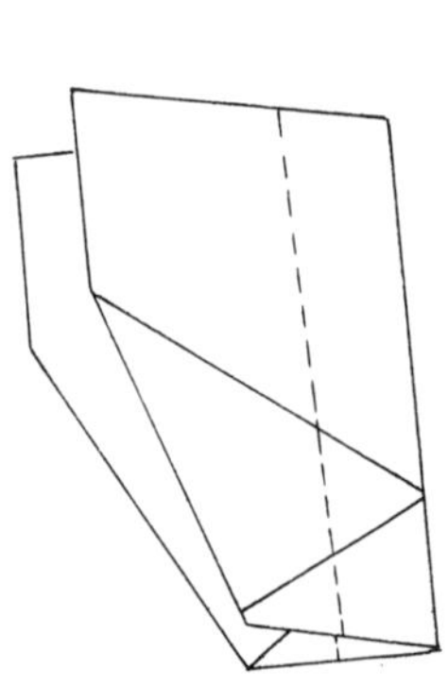

6. An der Mittellinie falten . . .

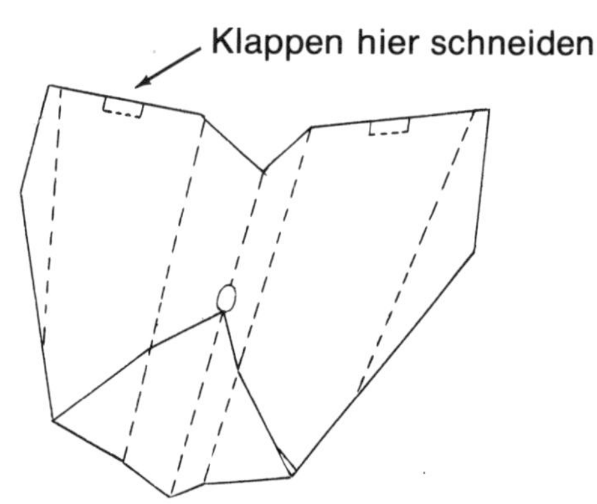

7. . . . und an der gestrichelten Linie nach oben falten

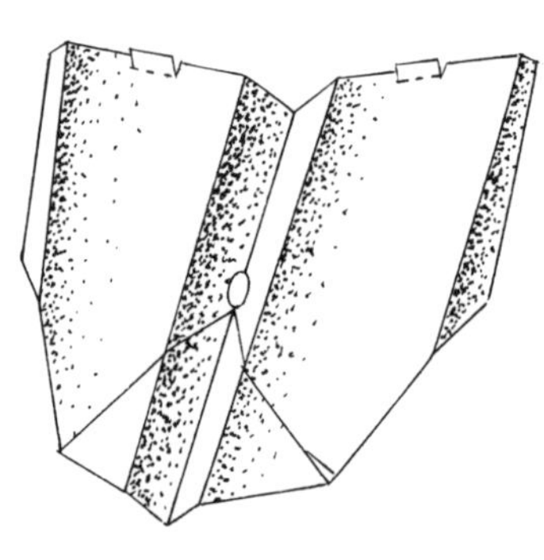

8. Wie abgebildet formen – Fingerloch ausschneiden

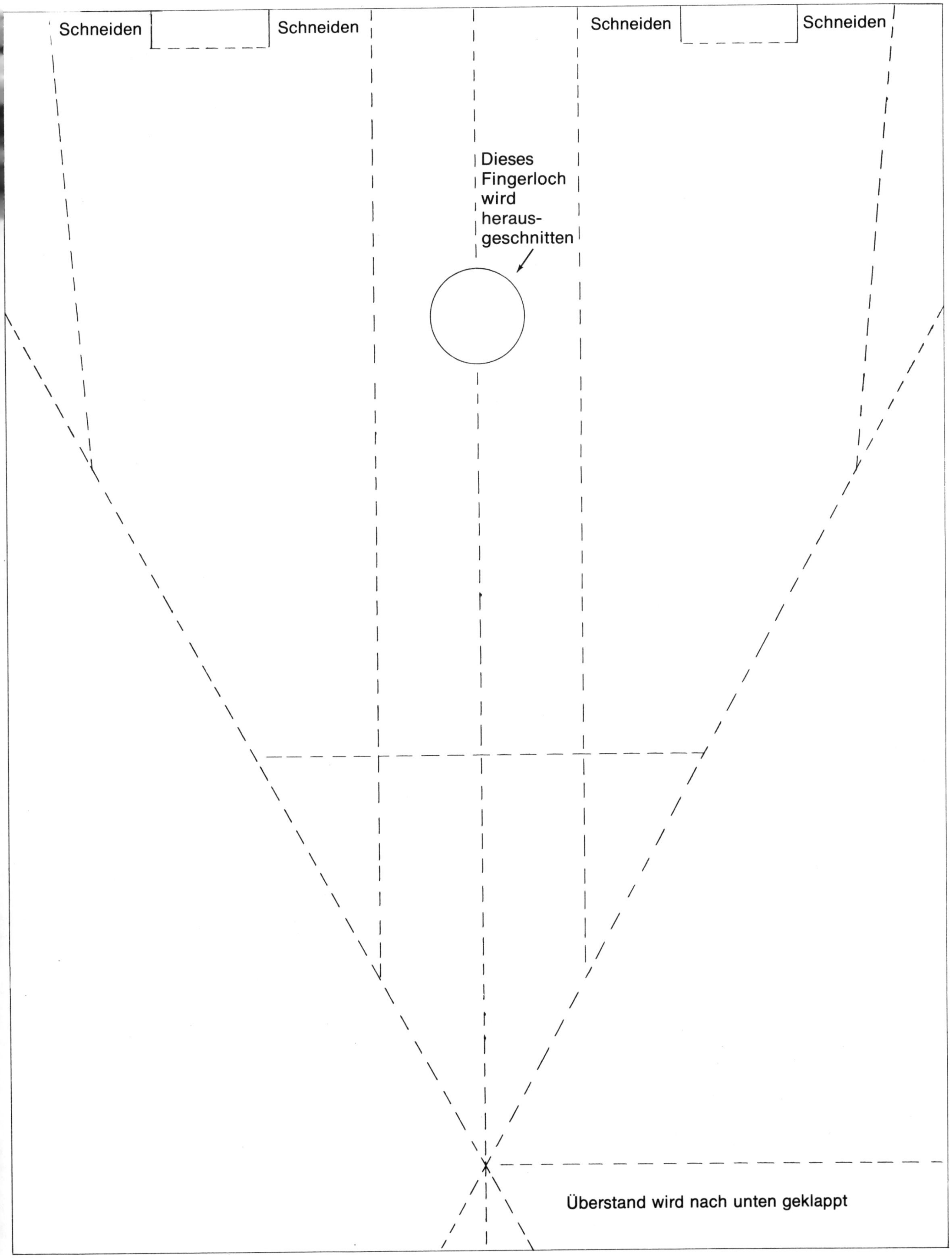
Schneiden
Schneiden
Schneiden
Schneiden
Dieses Fingerloch wird heraus-geschnitten
Überstand wird nach unten geklappt

SIEGER: LÄNGSTE ZEIT IN DER LUFT/PROFIS
Frederick J. Hooven
Bloomfield Hills, Michigan
(Prokurist und Spezialberater des Generaldirektors, Ford Division, Ford Motor Co.)

1. An der Mittellinie nach oben und zurück falten

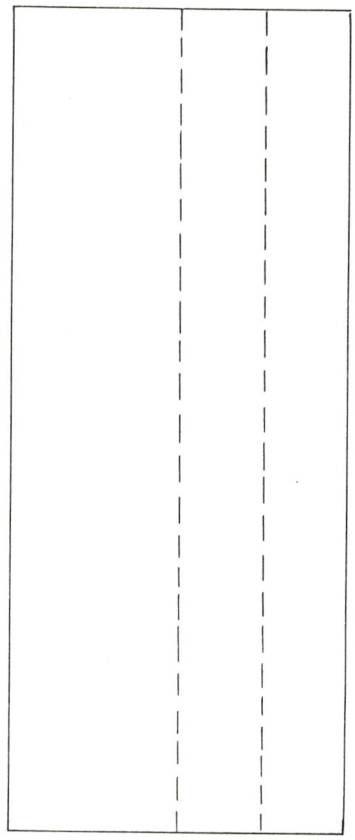

2. Eine Seite auf die Hälfte falten

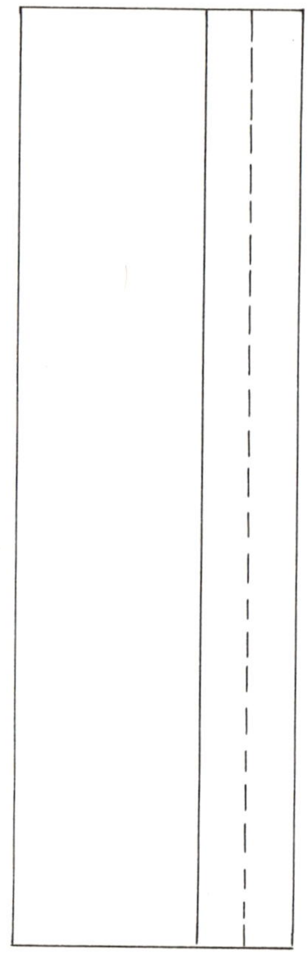

3. Und wieder auf die Hälfte falten

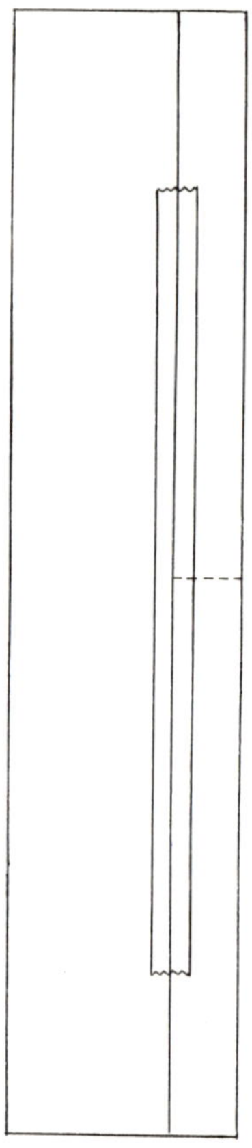

4. An der Mittellinie jetzt umlegen und mit Klebstreifen befestigen

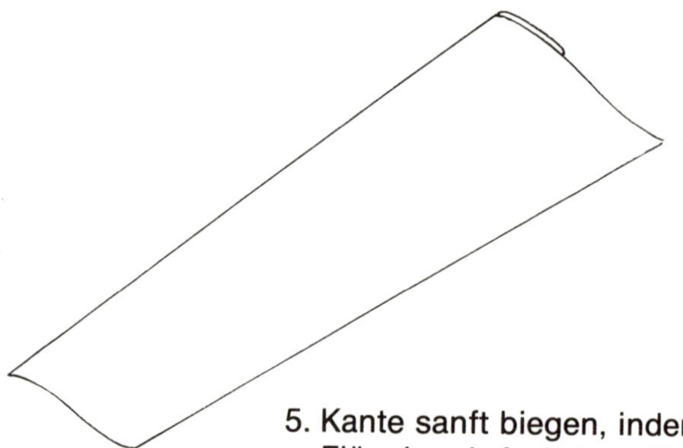

5. Kante sanft biegen, indem der Flügel mehrfach kurz über eine Tischkante gezogen wird

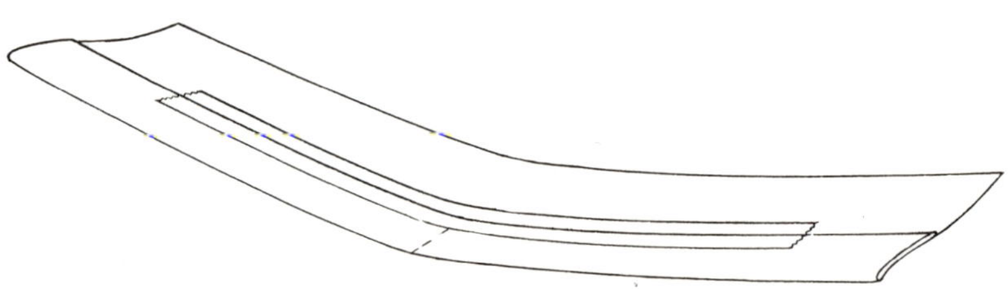

6. Den aufgefalteten Teil in der Mitte kniffen. Der Flieger wird mit Daumen und Zeigefinger in der Mitte gehalten und horizontal geworfen

Flieger 4

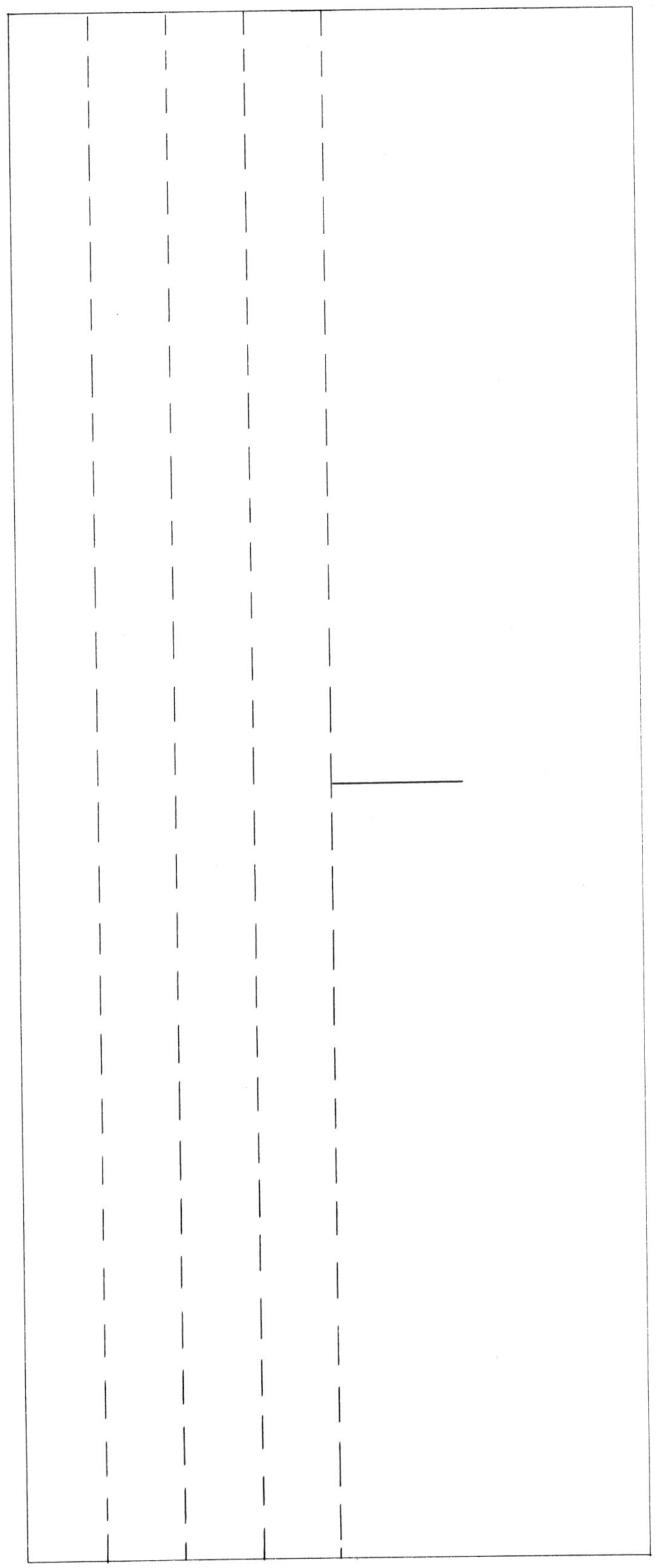

Flieger 5

GEWINNER: KUNSTFLUG/NICHT-PROFIS
Edward L. Ralston
Urbana Illinois
(Angestellter bei Clark, Dietz & Associates)

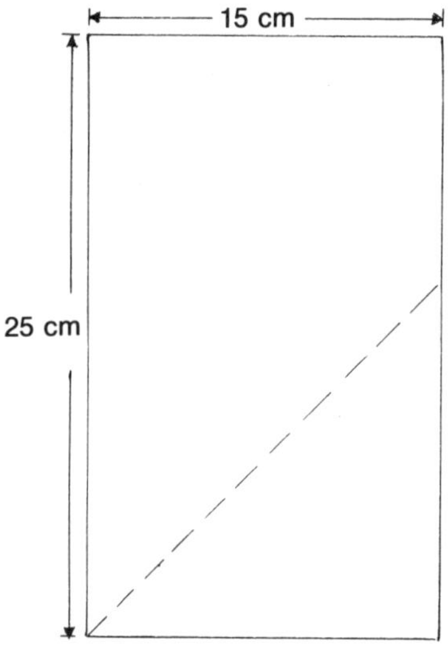

1.

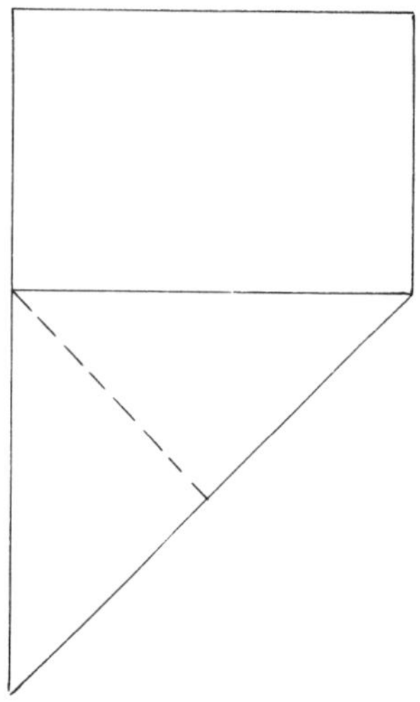

2.

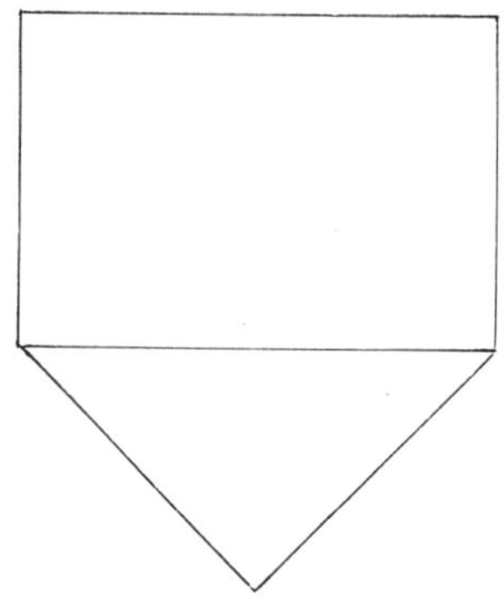

3.

Wieder öffnen und hier falzen

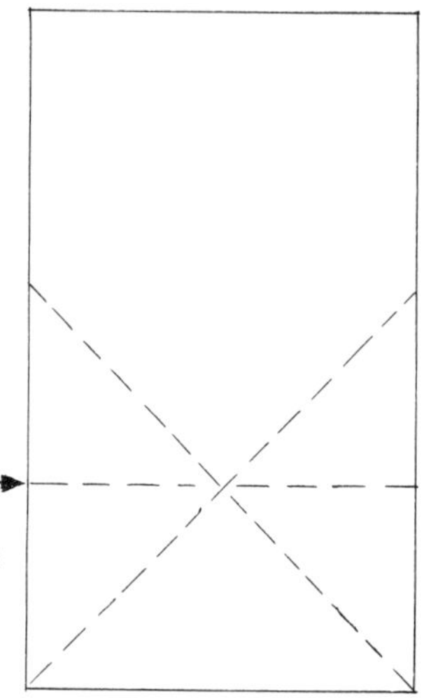

4.

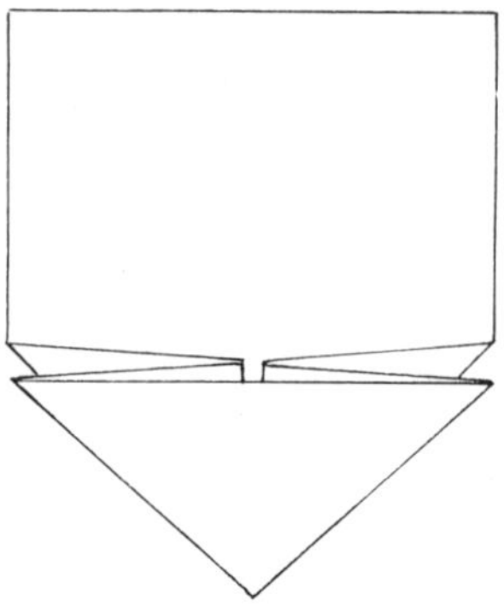

5. Wieder an den Falzen falten, bis es so aussieht

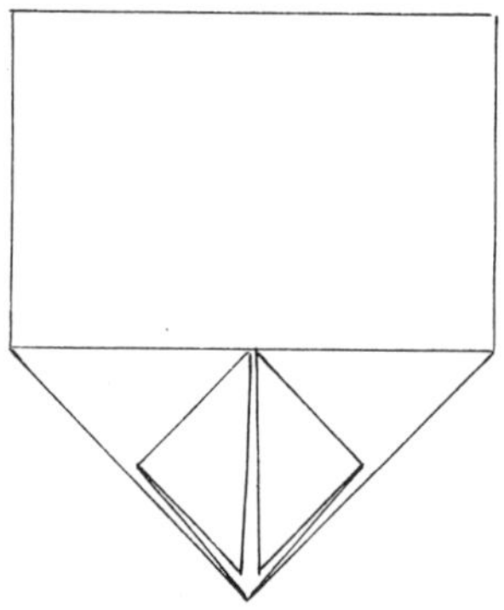

6. Spitzen nach oben

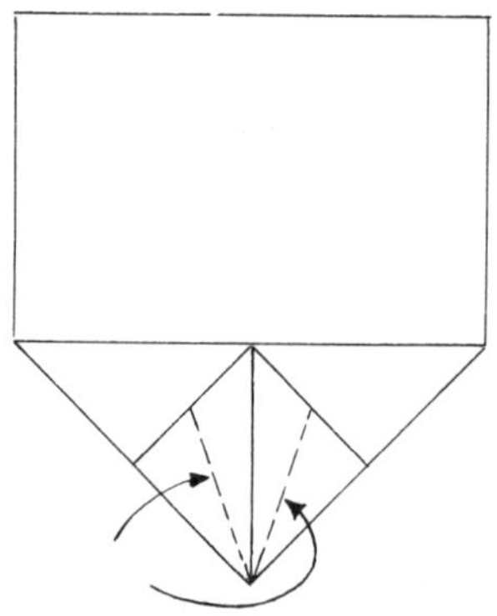

7. Hier falzen und wieder zurück

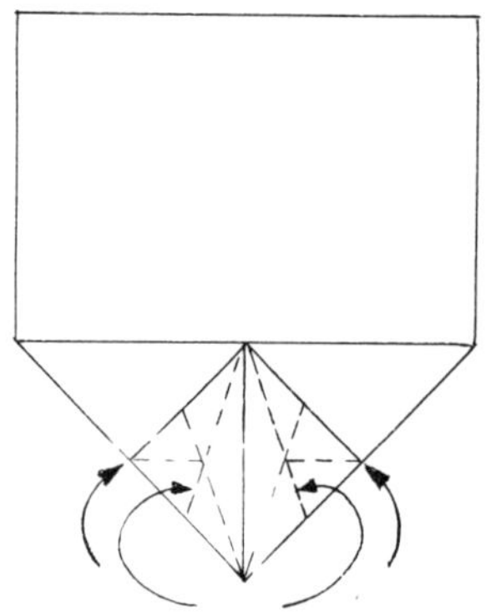

8. Hier ebenfalls

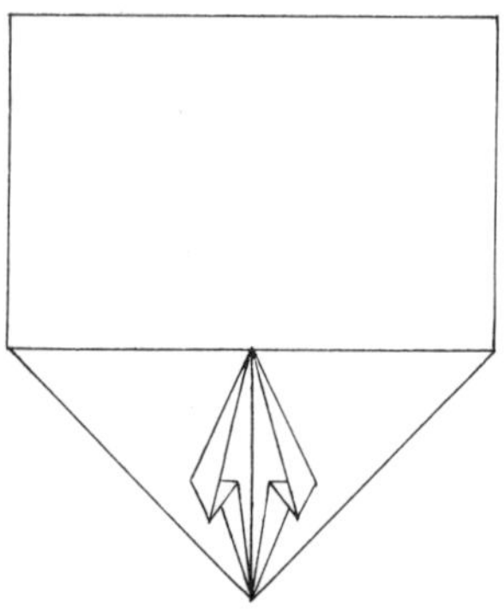

9. So zusammenfalten und andrücken

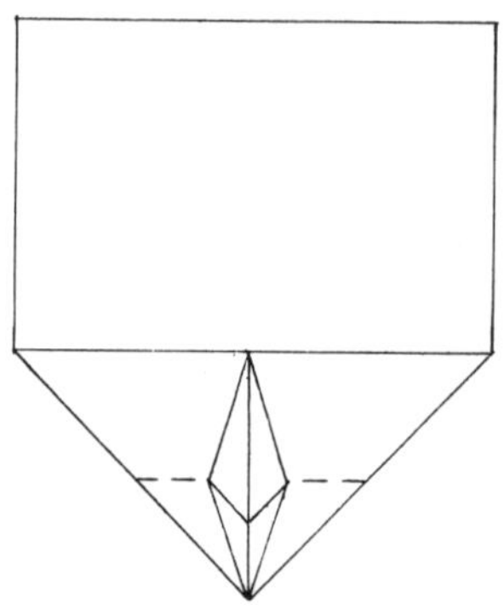

10. Den unteren Teil der Nase nach unten falten, so daß die Spitze stehen bleibt

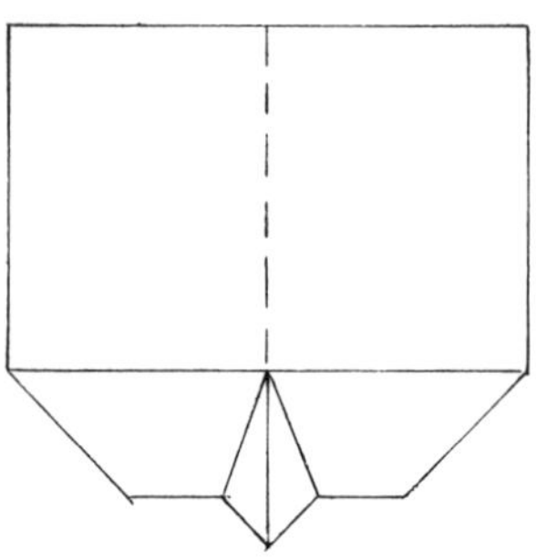

11. An der Mittellinie nach oben falten

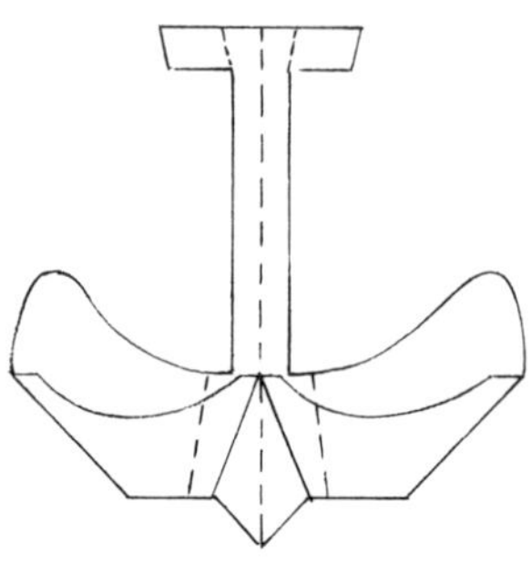

12. Zusammengeklappt so zurechtschneiden

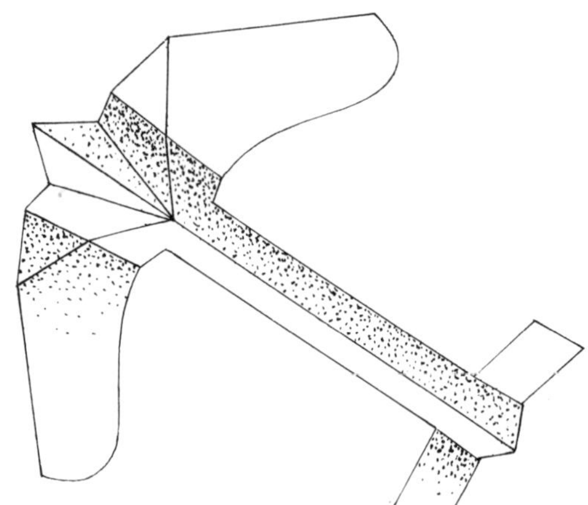

13. Flügel und Schwanzende so zurechtbiegen

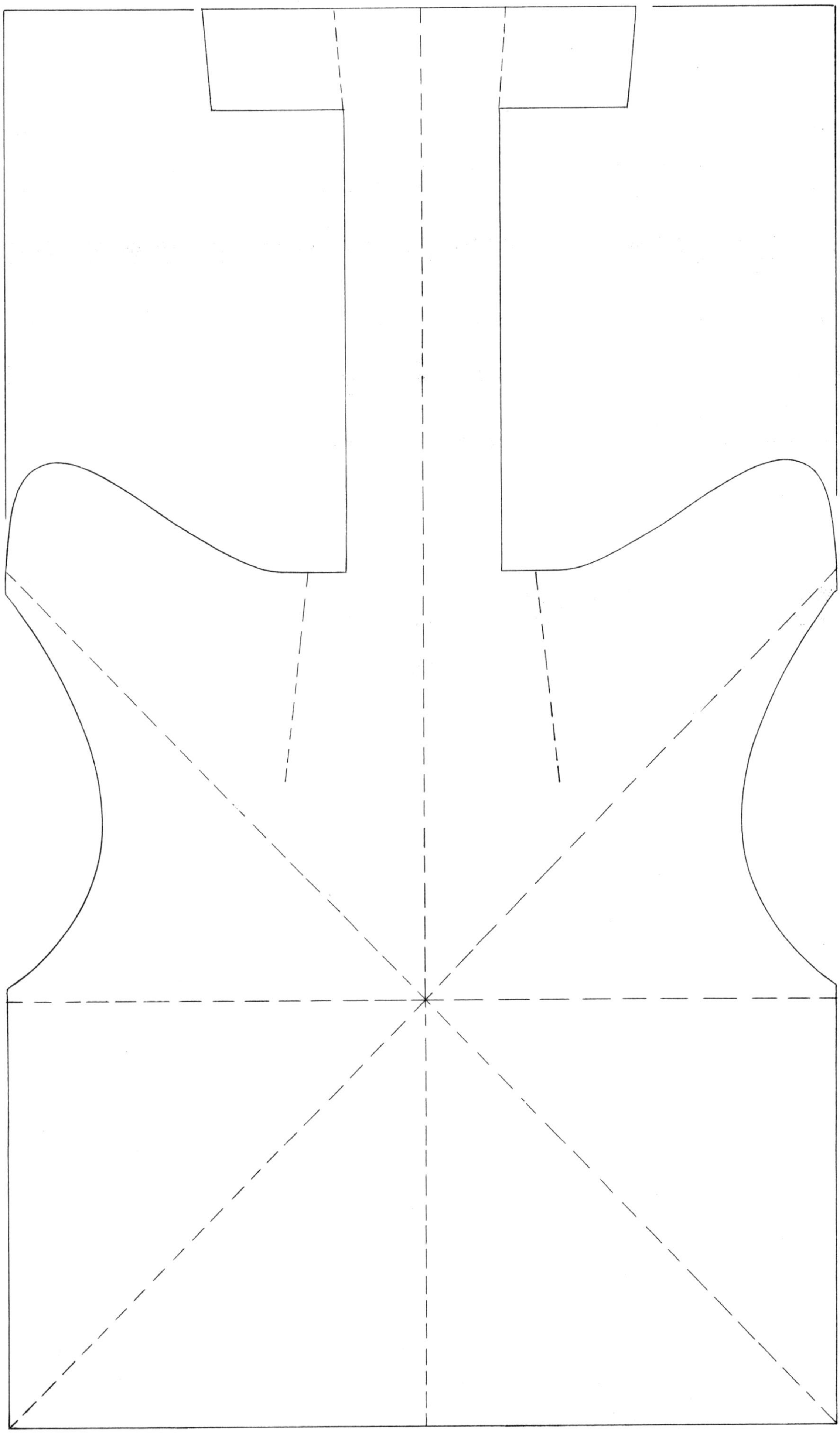

Flieger 6

SIEGER: GRÖSSTE ENTFERNUNG/NICHT-PROFIS
Robert B. Meuser
Oakland, Kalifornien
(Physiker, Lawrence Radiation Laboratory, Universität von Kalifornien in Berkeley)

Flieger 6

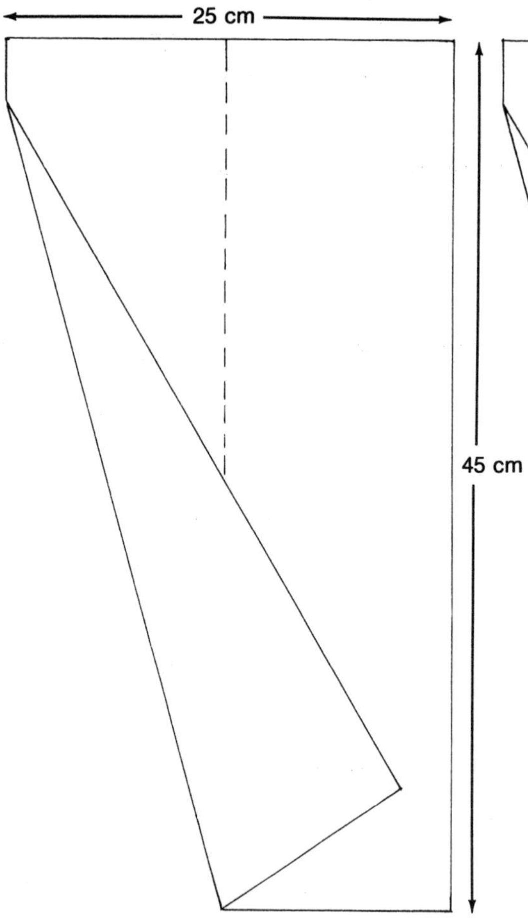

1. An der Mittellinie nach oben und zurück falten, dann erste Faltung wie auf der Zeichnung

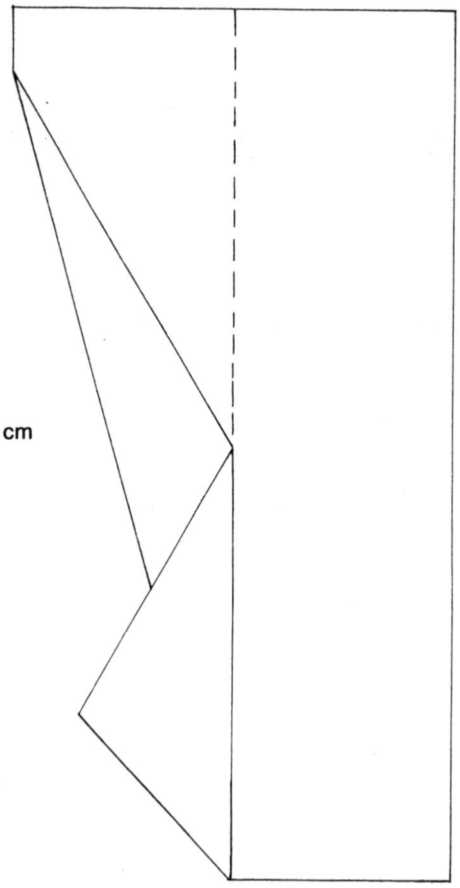

2. An der Mittellinie wieder zurückfalten . . .

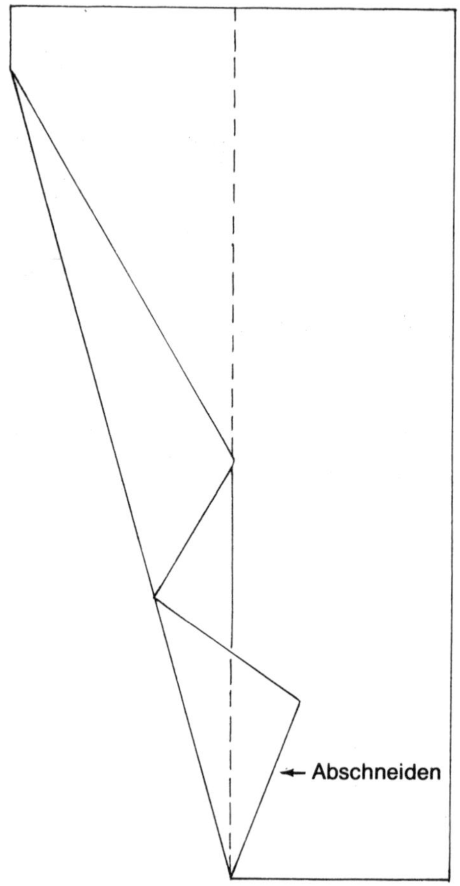

3. und abermals zurück; Ecke, die über die Mittellinie übersteht, abschneiden. Ebenso mit der anderen Seite verfahren

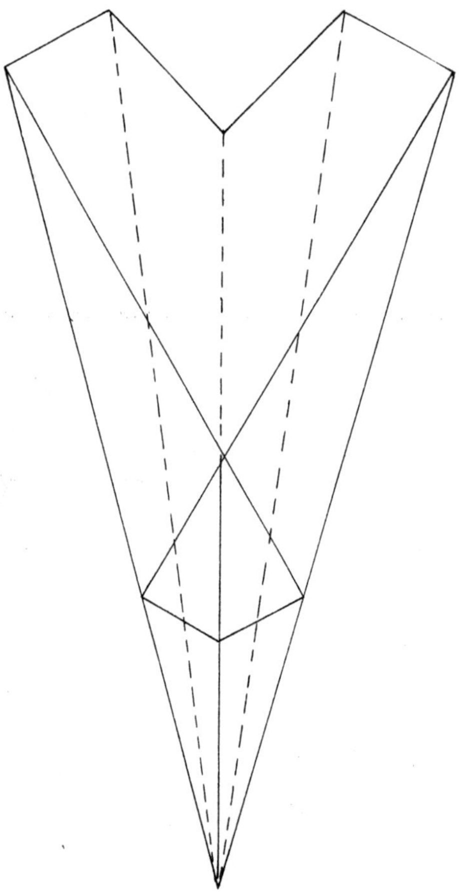

4. An der Mittellinie nach unten und die Seiten nach oben falten

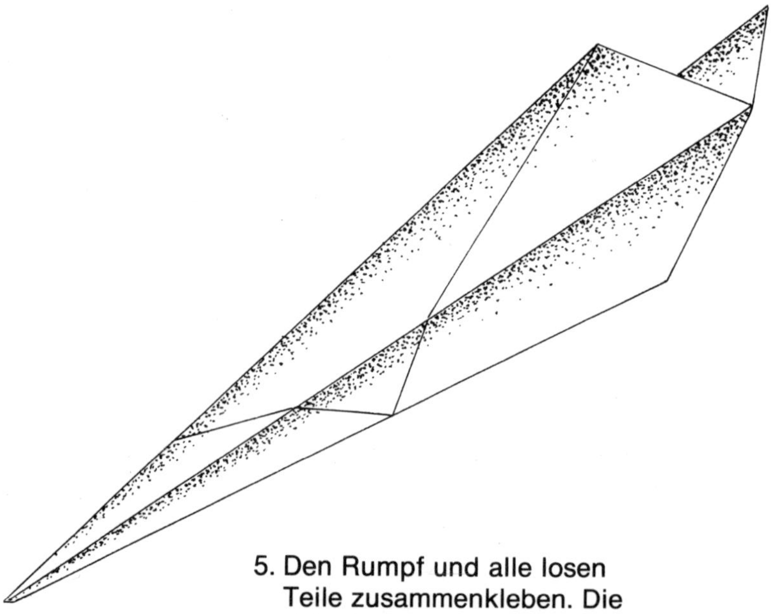

5. Den Rumpf und alle losen Teile zusammenkleben. Die Flügel werden etwas nach oben angewinkelt (s. Photo)

Anmerkung: Das zum Wettbewerb eingereichte Modell war aus starkem, 40 × 45 cm großem Zeichenpapier gefertigt

Das Wett-
bewerbsmodell
war aus starkem,
40 × 50 cm gro-
ßem Zeichen-
papier gefertigt

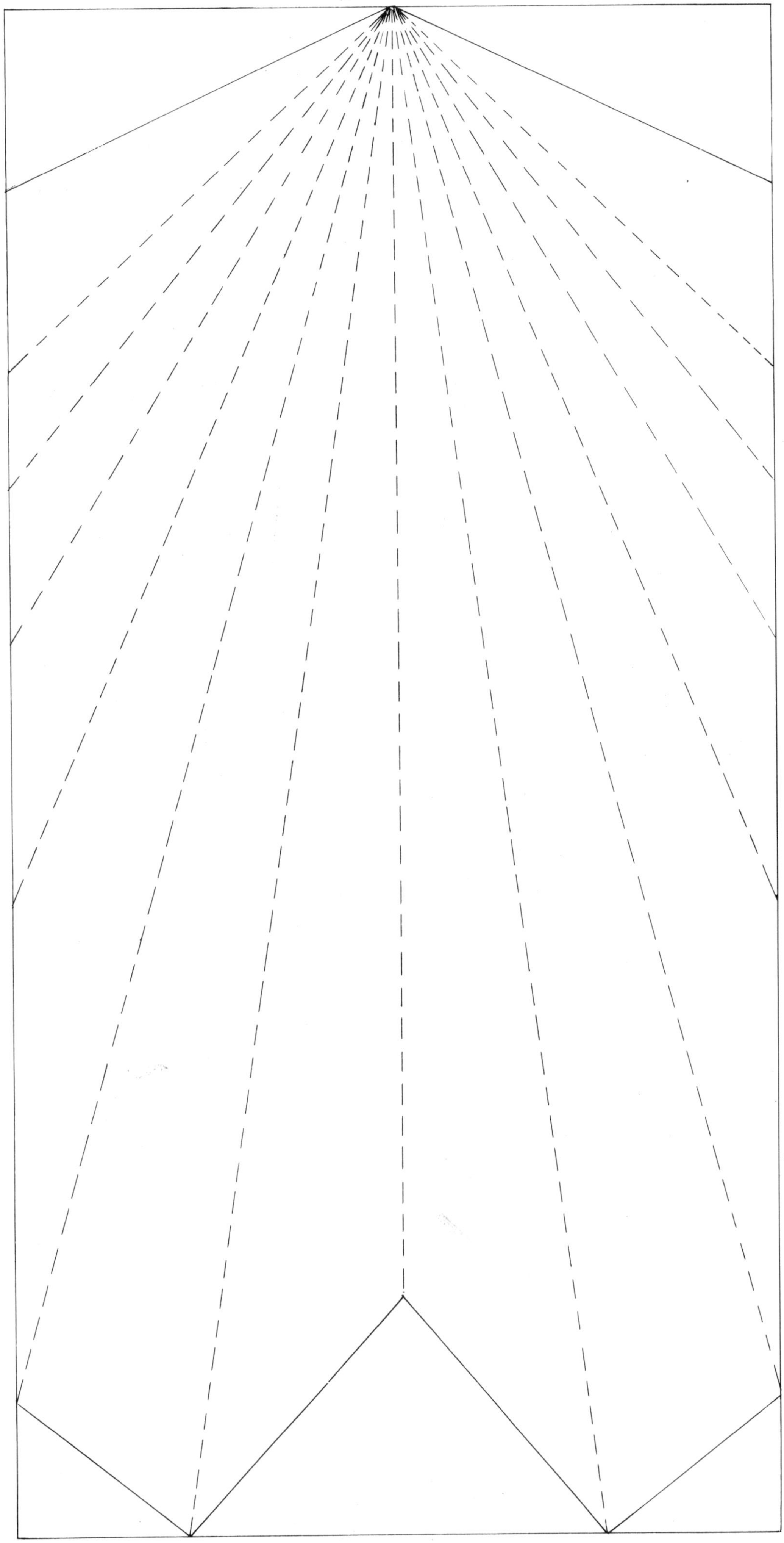

Flieger 7

SIEGER: ORIGAMI (JAPANISCHE KUNST DES PAPIERFALTENS)/NICHT-PROFIS

Professor James M. Sakoda
Fachschaft Soziologie und Anthropologie
Brown-Universität
Providence, Rhode Island

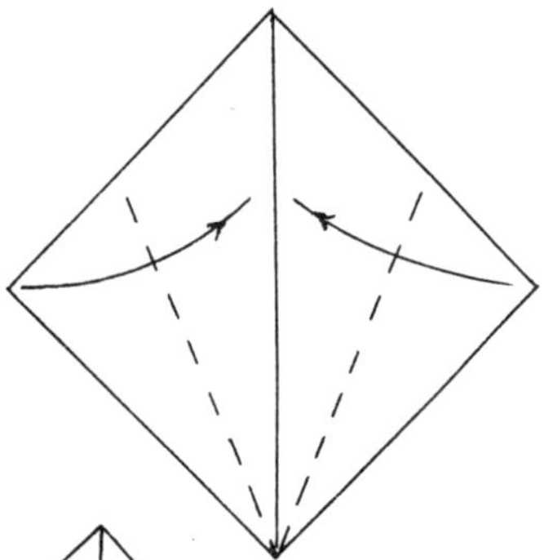

1. Nimm ein quadratisches Stück Papier, zum Beispiel einen Bogen Schreibmaschinen-papier, an dem die Oberkante bündig an eine Seitenkante gefaltet und dann der rechteckige Überstand unten abgeschnitten wurde. Eine Diagonale wird gefalzt und das Blatt wieder geöffnet. Beide Seiten werden bündig an die Diagonale gefaltet (s. nächste Zeichnung)

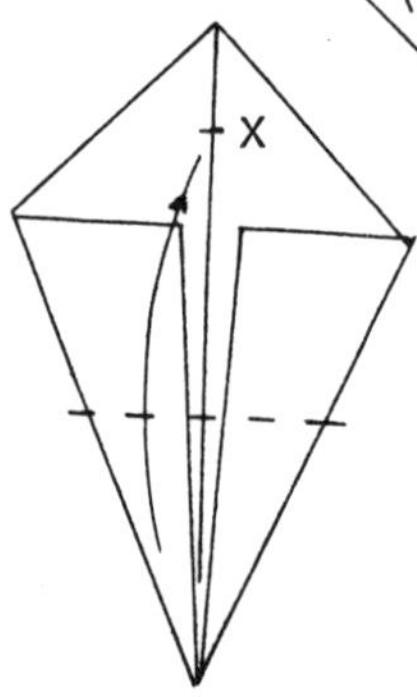

2. Klappe die Flugzeugnase so um, daß die Spitze am Punkt X liegt

3. Die unteren Ecken werden nach oben, dann aber so nach innen gefaltet, daß sie zwischen Flügel und Nase liegen.

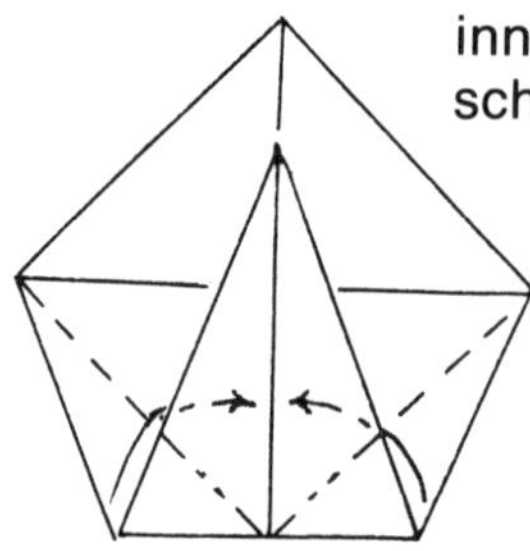

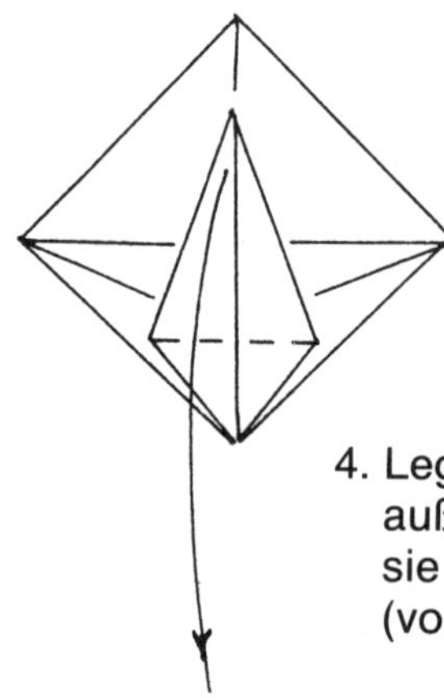

4. Lege die Nase nach außen um, damit sie nach unten (vorne) zeigt

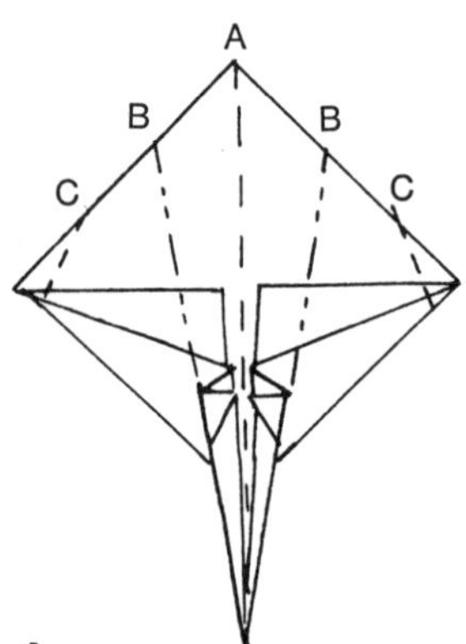

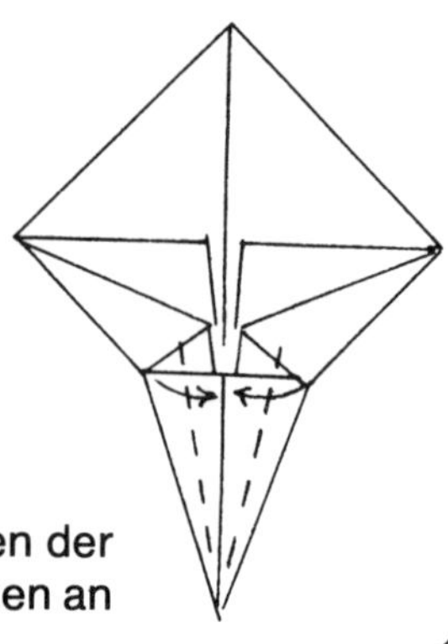

5. Falte die Seiten der Nase nach innen an die Mittellinie

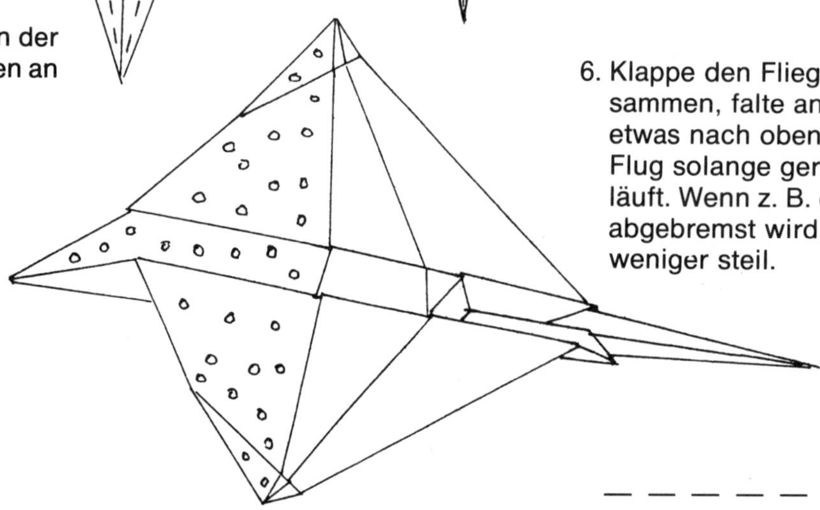

6. Klappe den Flieger an der Mittellinie A zusammen, falte an B herunter und knicke an C etwas nach oben. An diesen Klappen wird der Flug solange geregelt, bis er ungestört verläuft. Wenn z. B. der Flieger zu stark steigt und abgebremst wird, stelle die Klappen etwas weniger steil.

— — — — — — = falte nach oben

- - - - - - - - - - - = falte nach unten

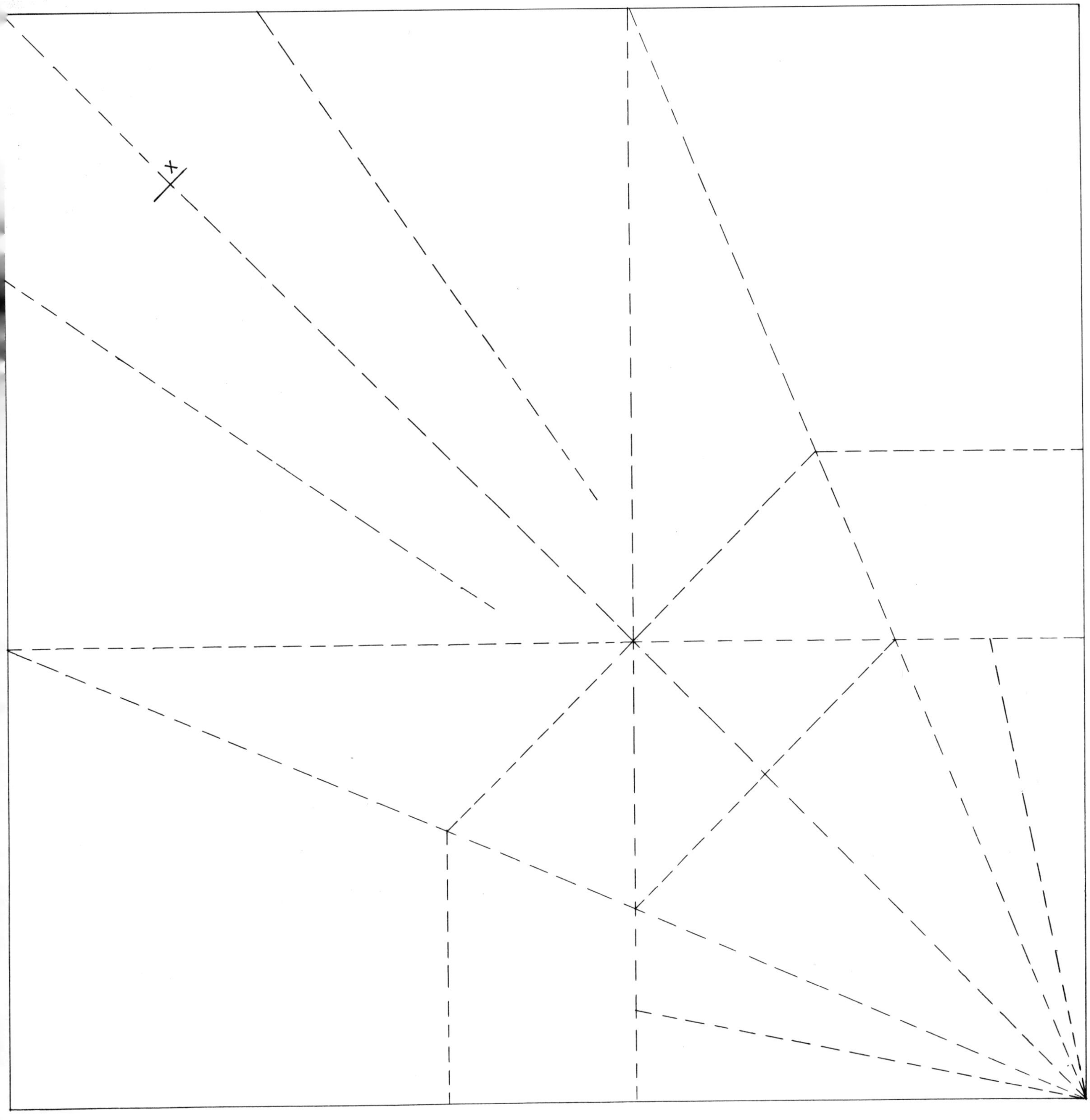
x

SIEGER: WESTLICHE REGION
Lewis G. Lowe
San Francisco, Kalifornien
(Graphiker bei Walter Landor & Associates)

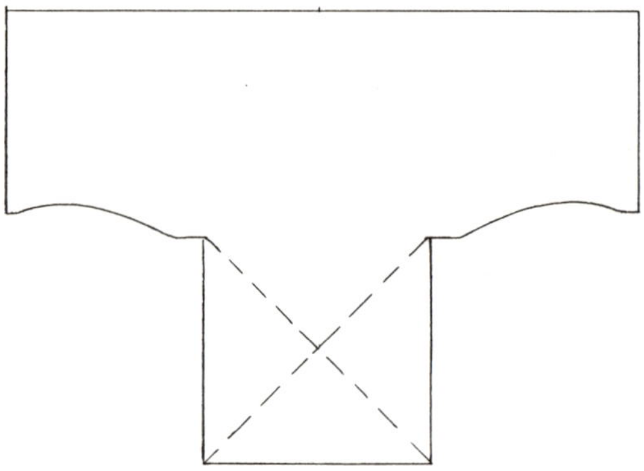

1.

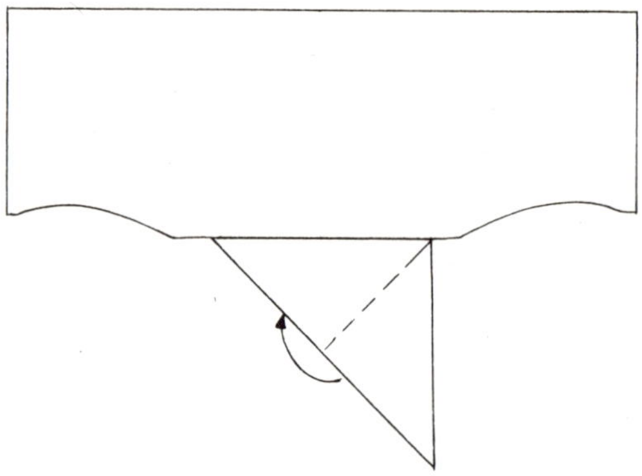

2.

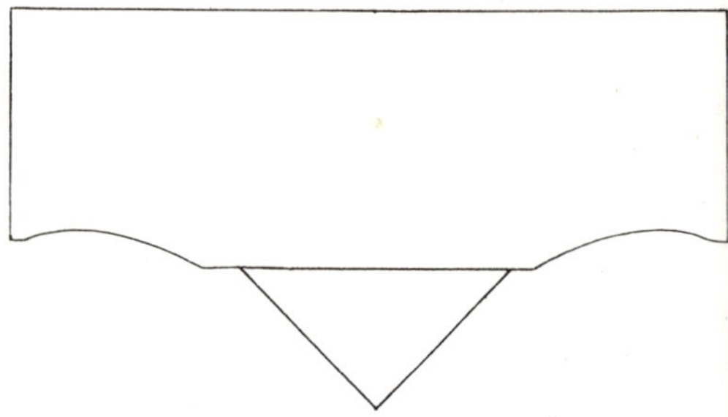

3.

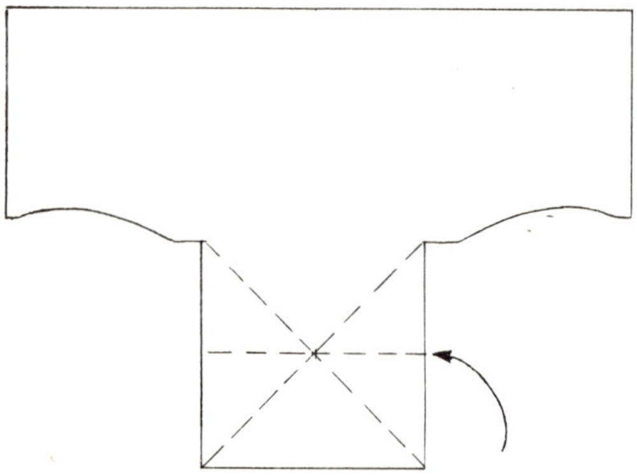

4. Auffalten und hier falzen

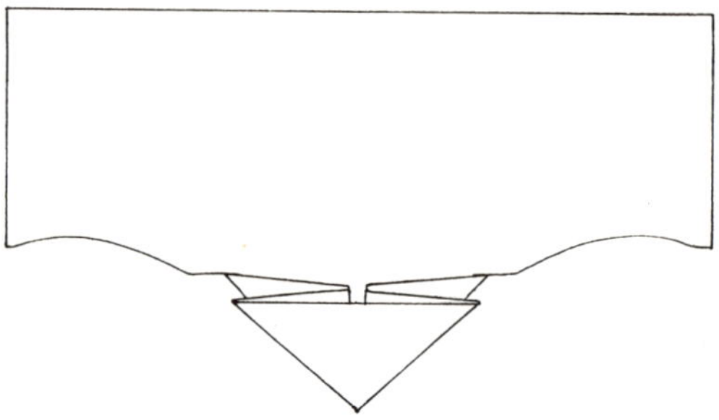

5. An den Falzen so zusammenfalten

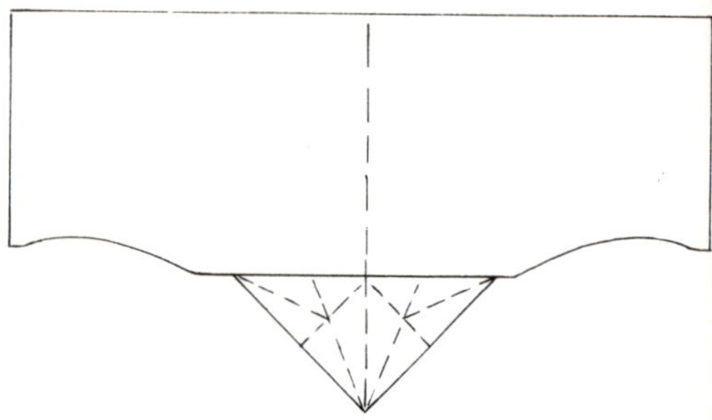

6. An den gestrichelten Linien falzen (nur den oberen Teil) . . .

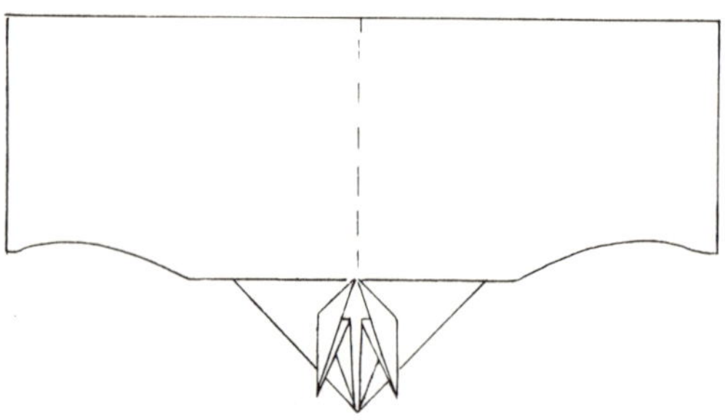

7. . . . und so falten, . . .

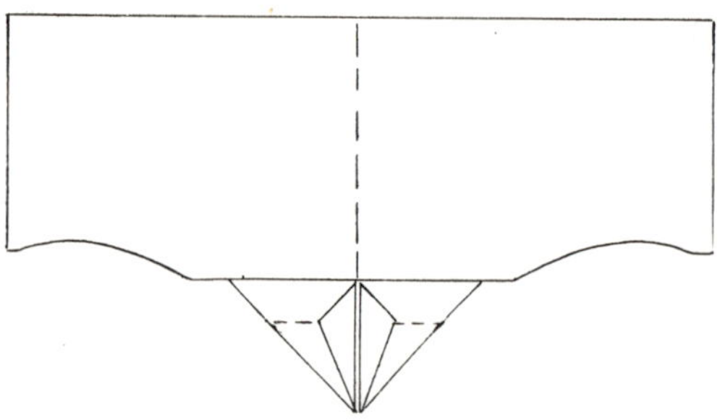

8. . . . damit diese Figur entsteht

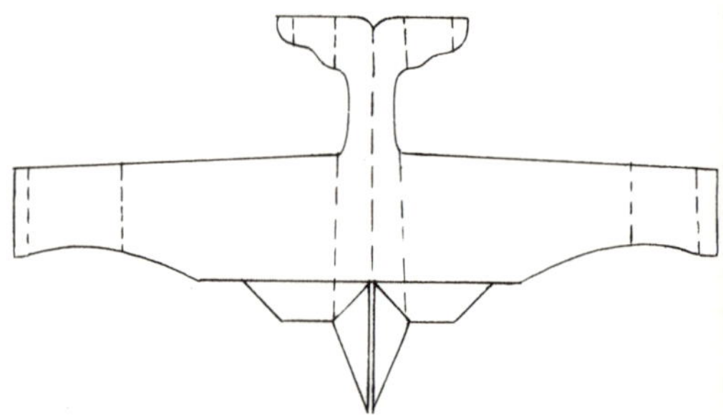

9. Unteren Teil nach hinten klappen, so daß die Nase freisteht. Flügelprof ausschneiden, in der Mitte zusammen klappen und Rumpf zusammenkleber Die Flügel werden in die Horizontale gefaltet.

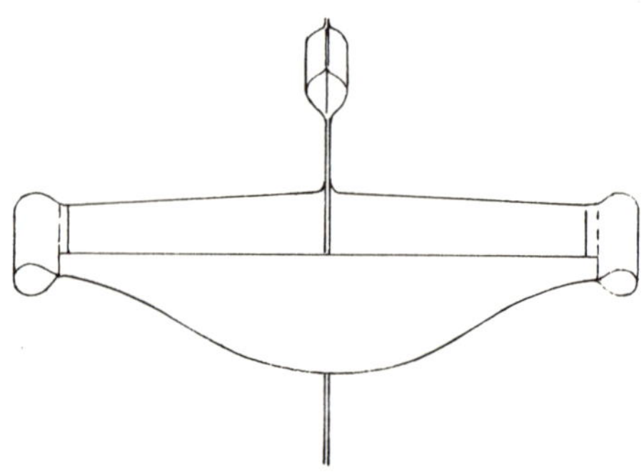

10. Lege an den Flügel- und Schwanzenden die gestrichelten Linien so übereinander, daß Röhren entstehen, und klebe diese Formen fest. Klebe die Flügelverstärkung bündig mit der Vorderkante auf den Flügel.

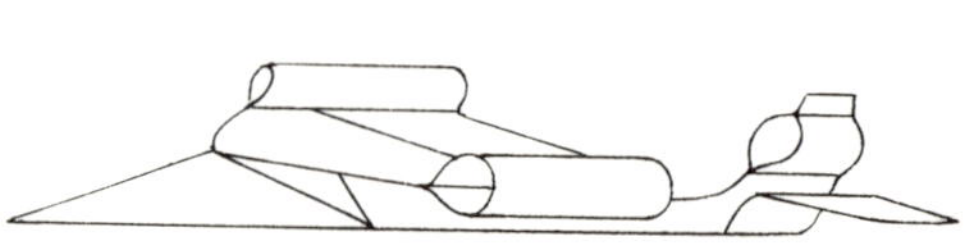

11. Klebe Höhenruder an

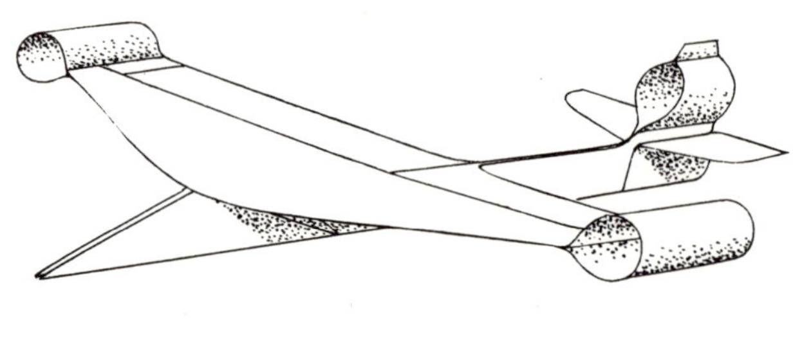

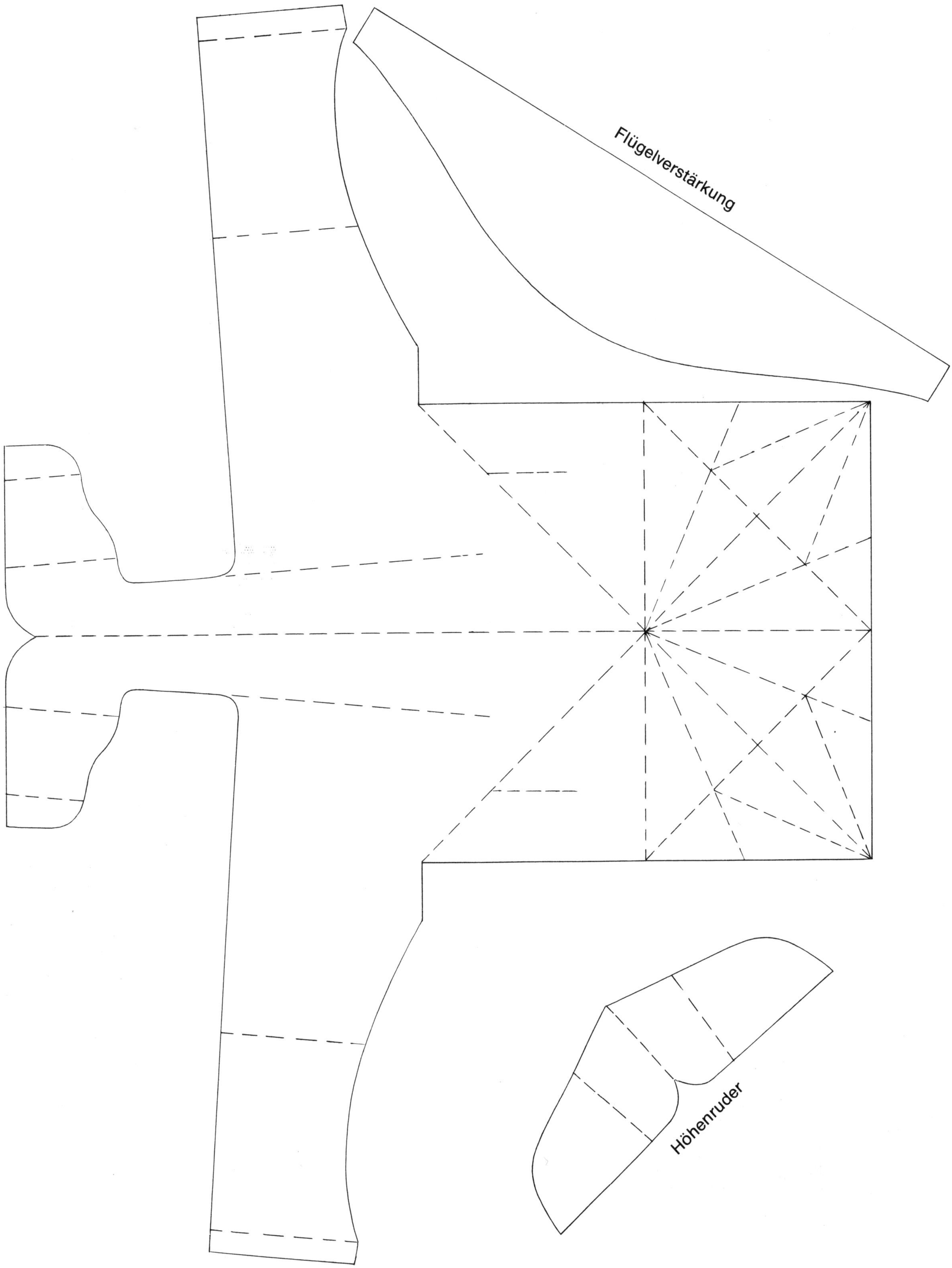
Flügelverstärkung
Höhenruder

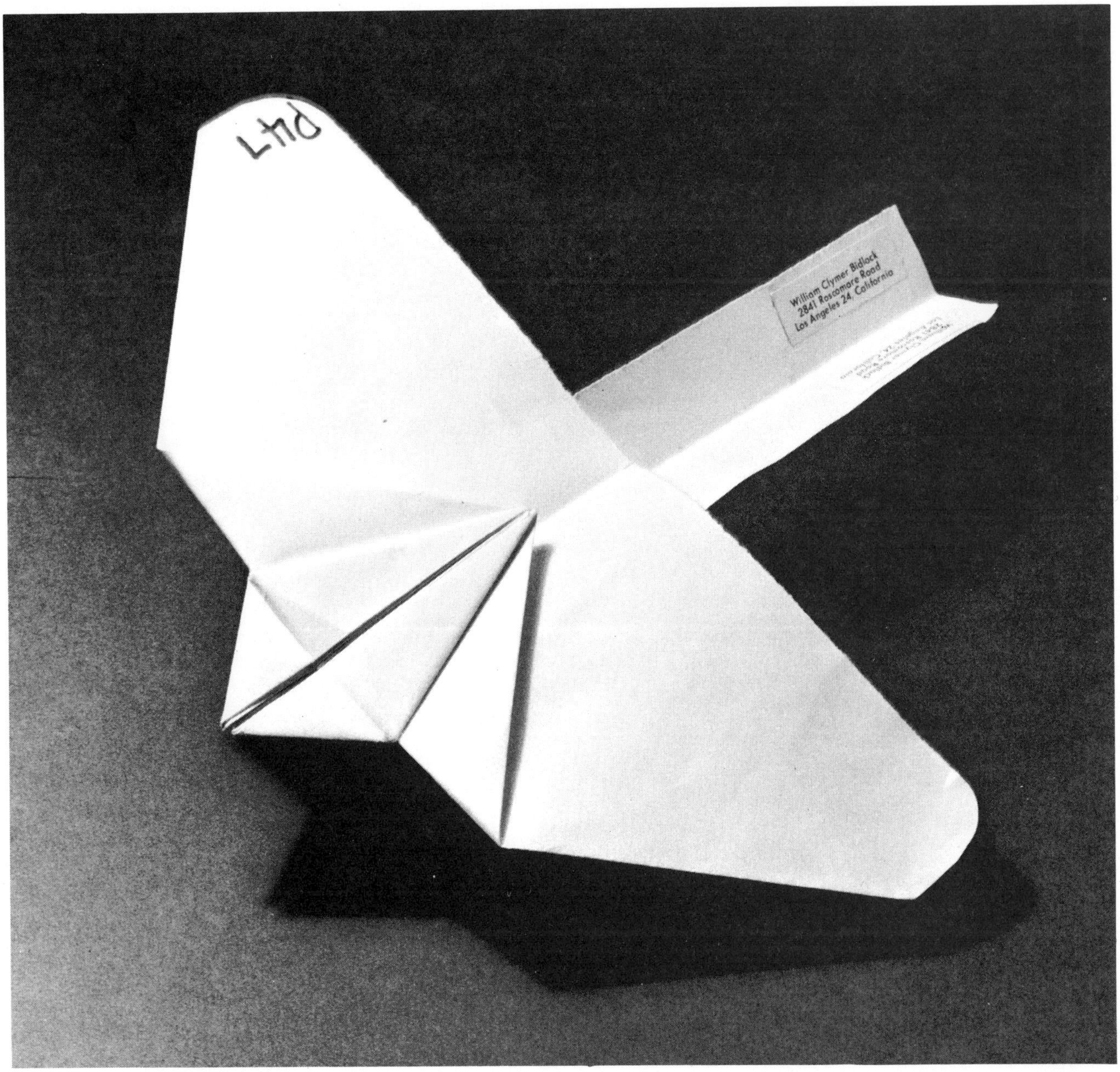

William Clymer Bidlack
Los Angeles, Kalifornien
(Kundenbetreuung, Lockheed Aircraft)

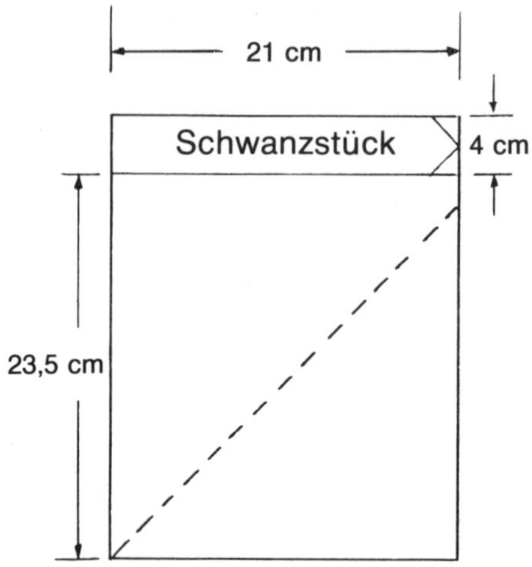

1. Schneide Schwanzstück ab und falte an der gestrichelten Linie

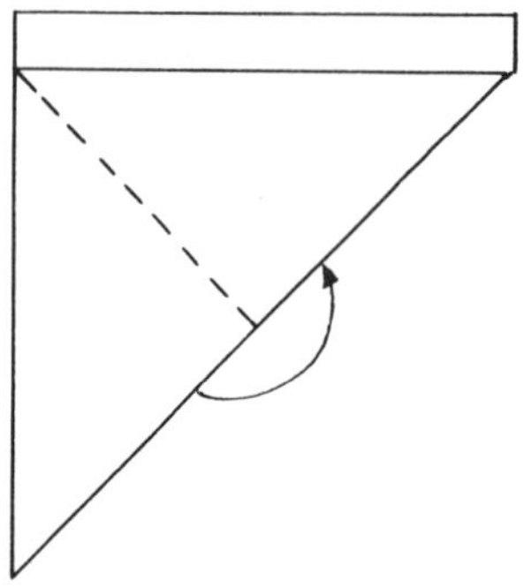

2. Klappe die Ecke so um, . . .

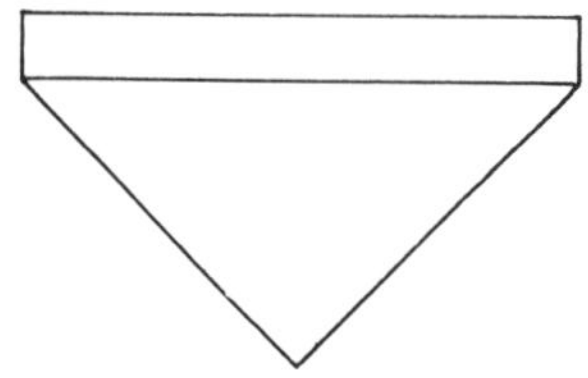

3. . . . damit das entsteht.

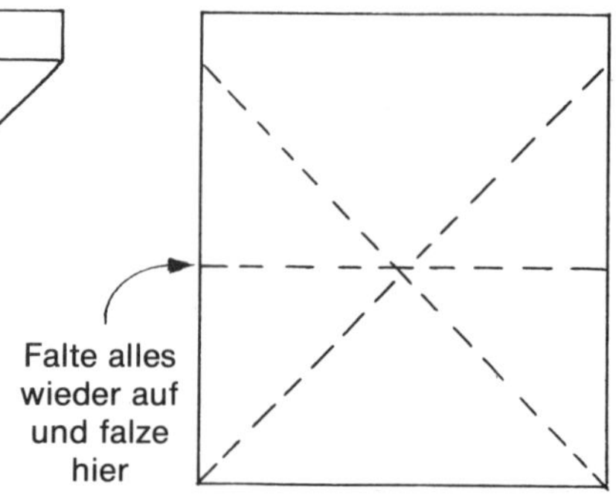

4.

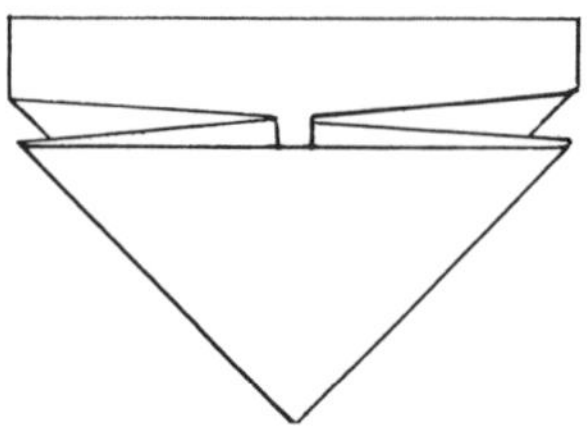

5. Falte an den Falzen zurück, um dies zu erhalten

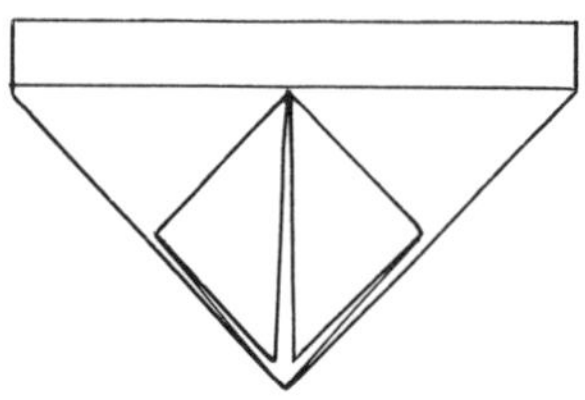

6. Falte die oberen Ecken herunter

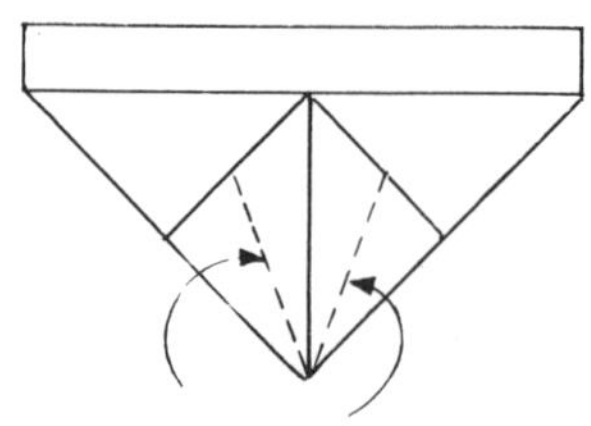

7. Falze hier . . .

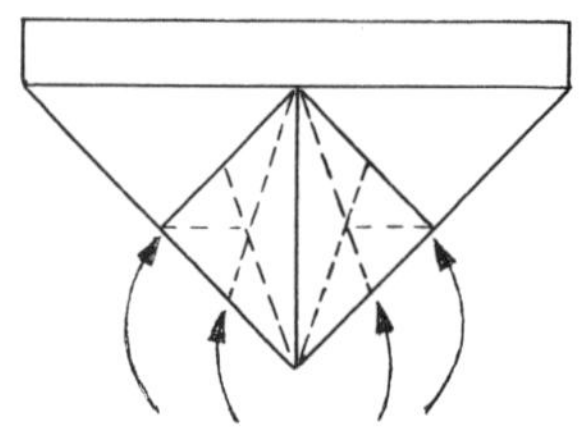

8. . . . und noch einmal hier

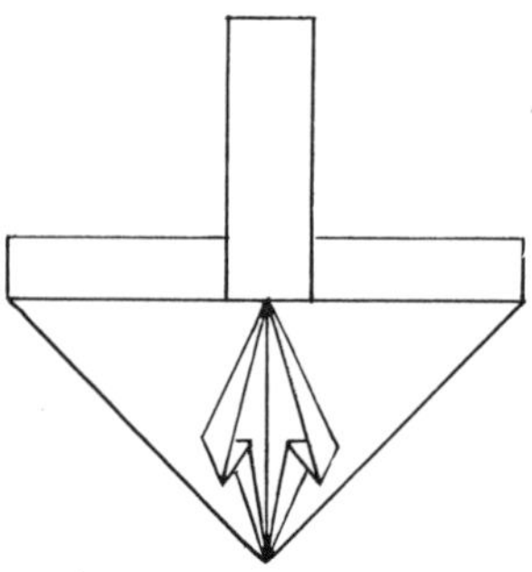

9. Falte so, damit das auf dem folgenden Bild gezeigte Gebilde entsteht, und lege das Schwanzstück so ein, daß es in der Nase steckt.

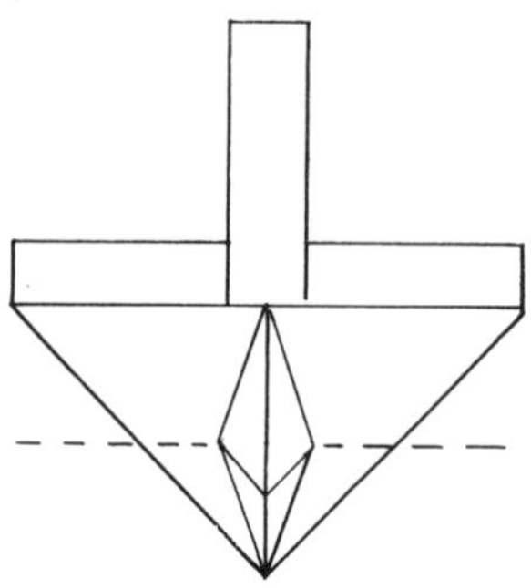

10. Klappe unteren Teil nach unten um

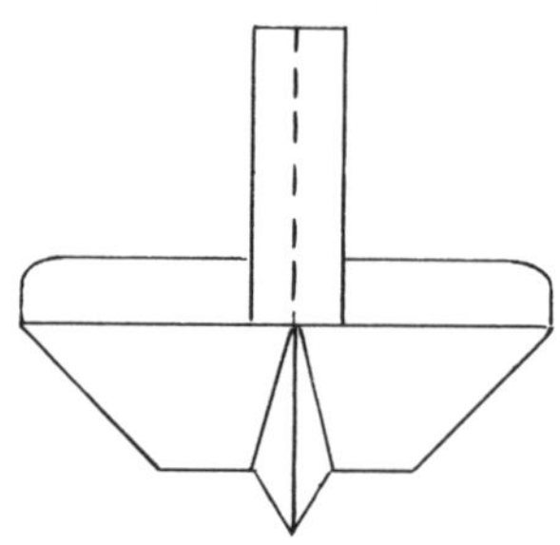

11. Falte Flugkörper und Schwanz nach unten. Man sieht den Flieger von seiner Unterseite.

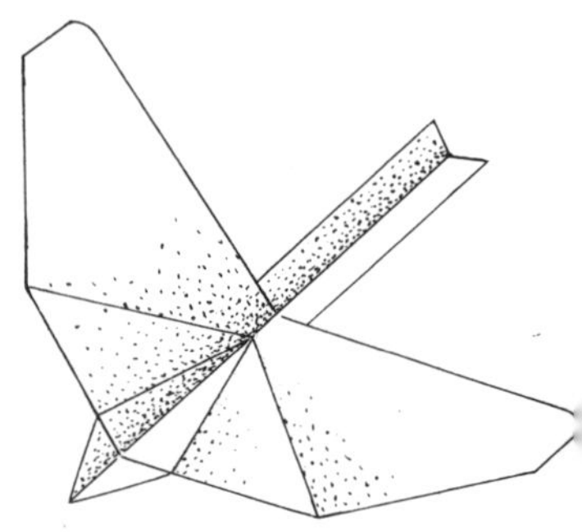

12. So sieht er von oben aus – startfertig

Flieger 9

Flieger 10

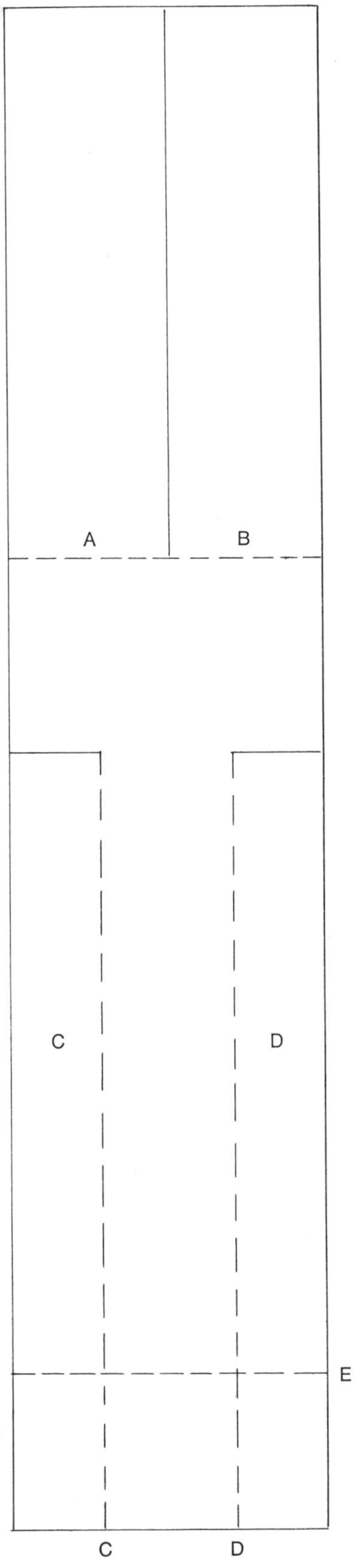

Richard K. Neu
Wilmington, Ohio
(Cincinnati Lathe & Tool Co.)

← *So wird's gemacht:*
Alle durchgezogenen Linien werden geschnitten. Falte an A nach vorne, an B nach hinten, an C nach innen und an D ebenfalls nach innen (der rechte Streifen liegt dann zum Teil über dem linken). Danach wird an E nach oben gefaltet. Richte die Teile so wie auf dem Photo aus lasse den Flieger von möglichst großer Höhe einfach fallen.

Flieger 11

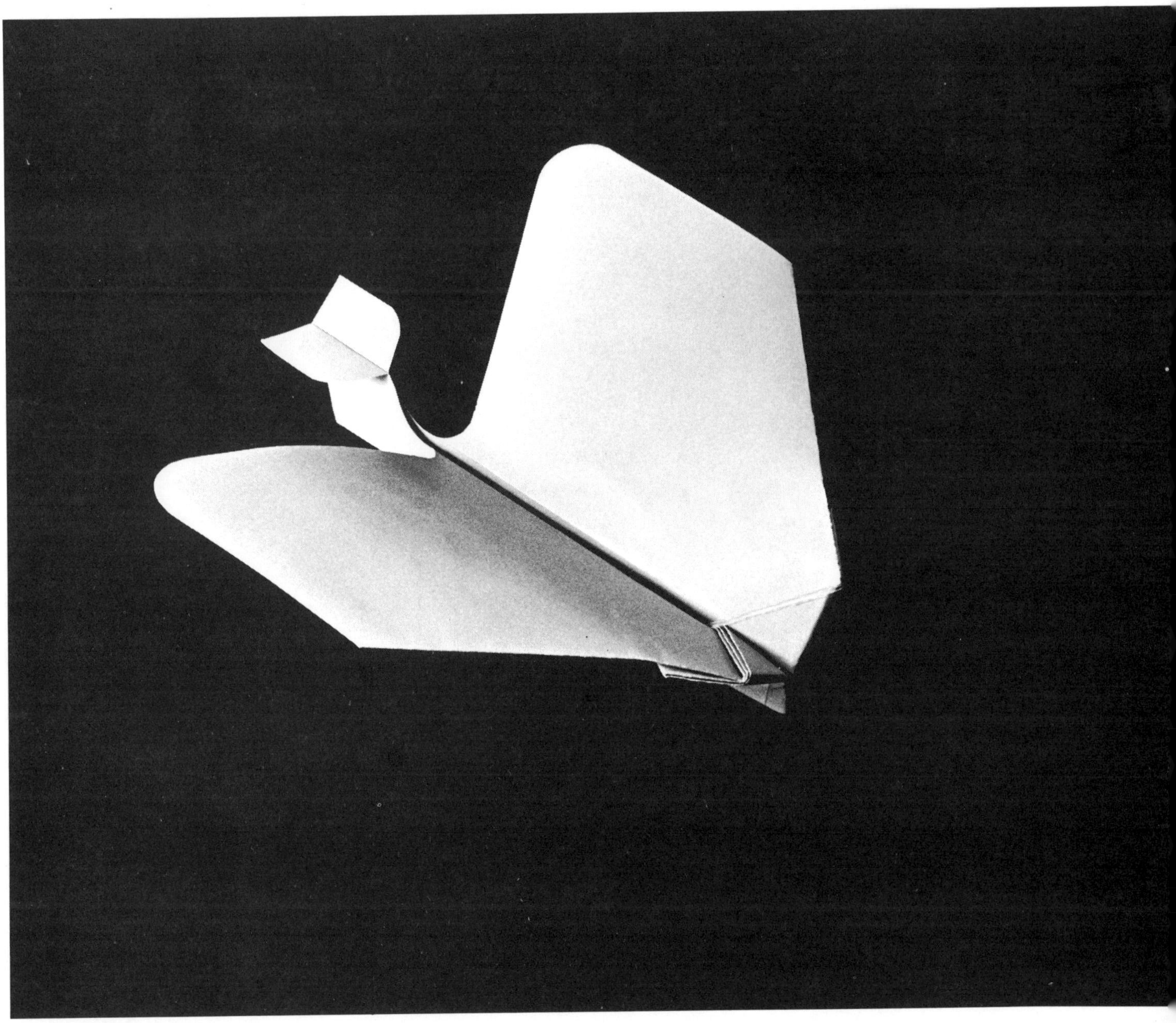

William Seno
Hackensack, New Jersey
(Bei Raymond Loewy/Wm. Snaith beschäftigt)

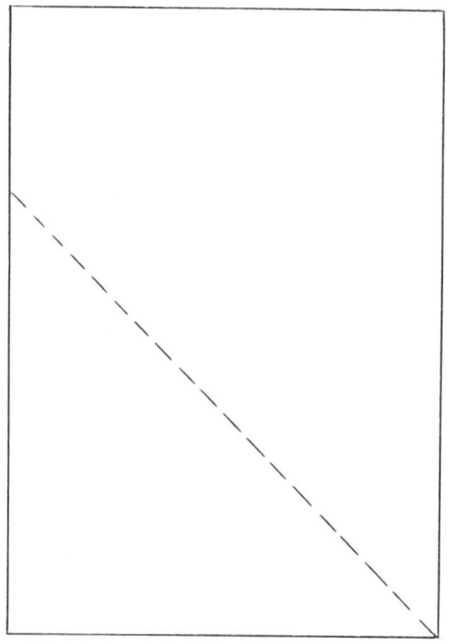

1. Falte an der gestrichelten Linie

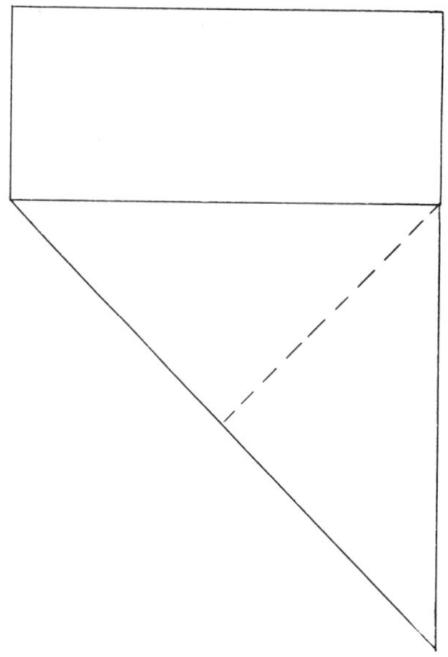

2. und noch einmal, . . .

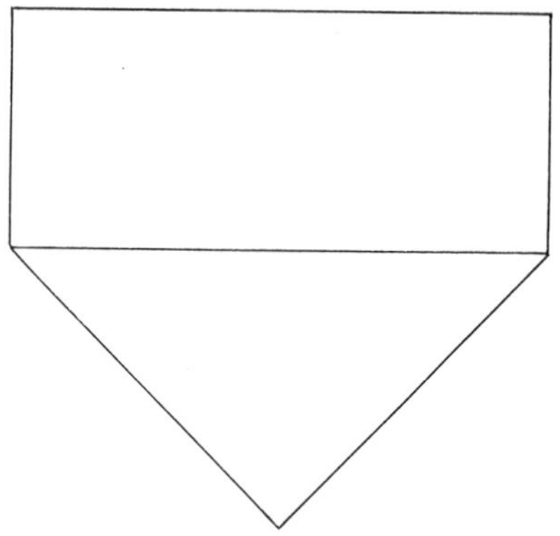

3. . . . damit es so aussieht

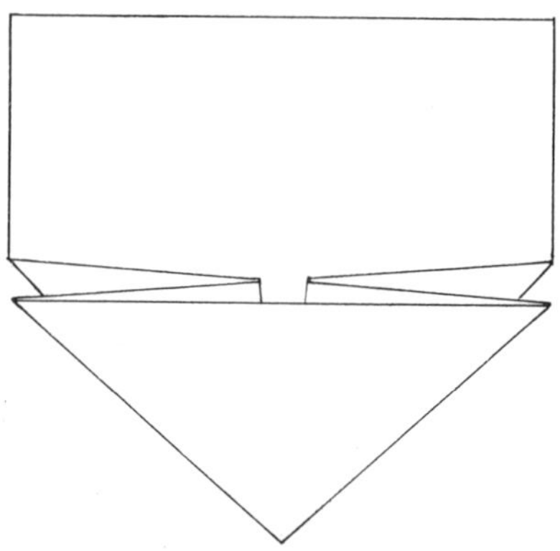

4. Das wird genauso gemacht wie bei Flieger 5

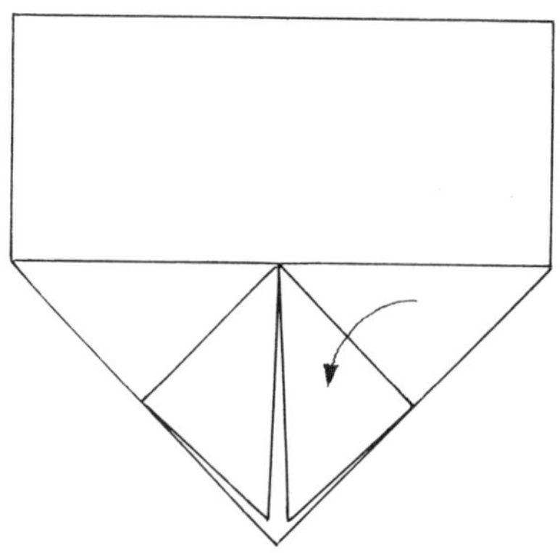

5. Die Ecken werden nach unten geklappt

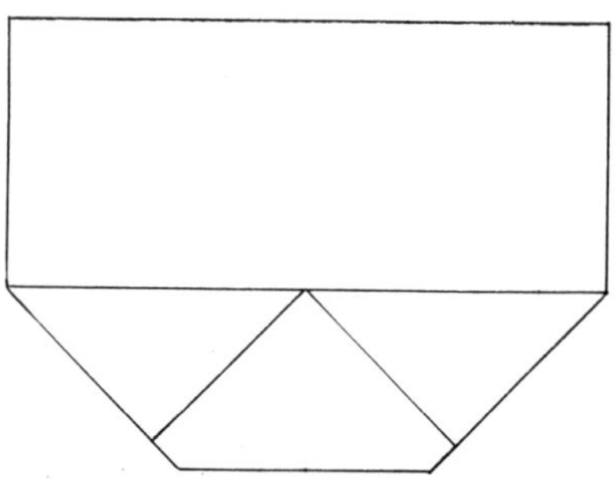

6. Falte die Spitze – nach oben – zurück

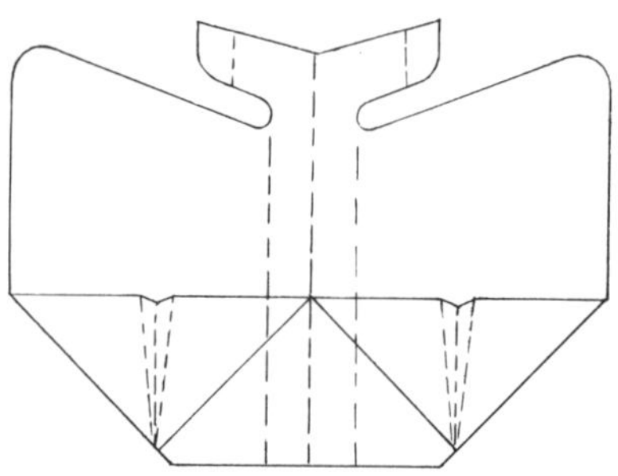

7. Schneide Profil aus, falte den Rumpf an der Mittellinie zusammen und klebe ihn an Nase und Schwanz zusammen. Falte Flügel und Höhenruder an der gestrichelten Linie in die Horizontale und kneife die Unterseite der Flügel etwas zusammen, damit sich der Flügel oben etwas wölbt.

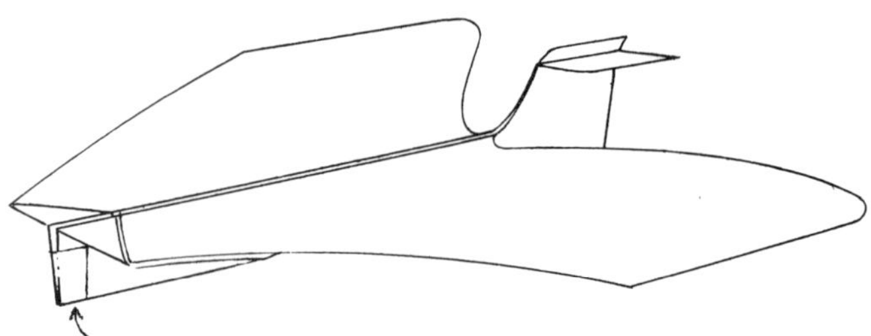

8. Mit Klebestreifen wird die Nase zusammengehalten

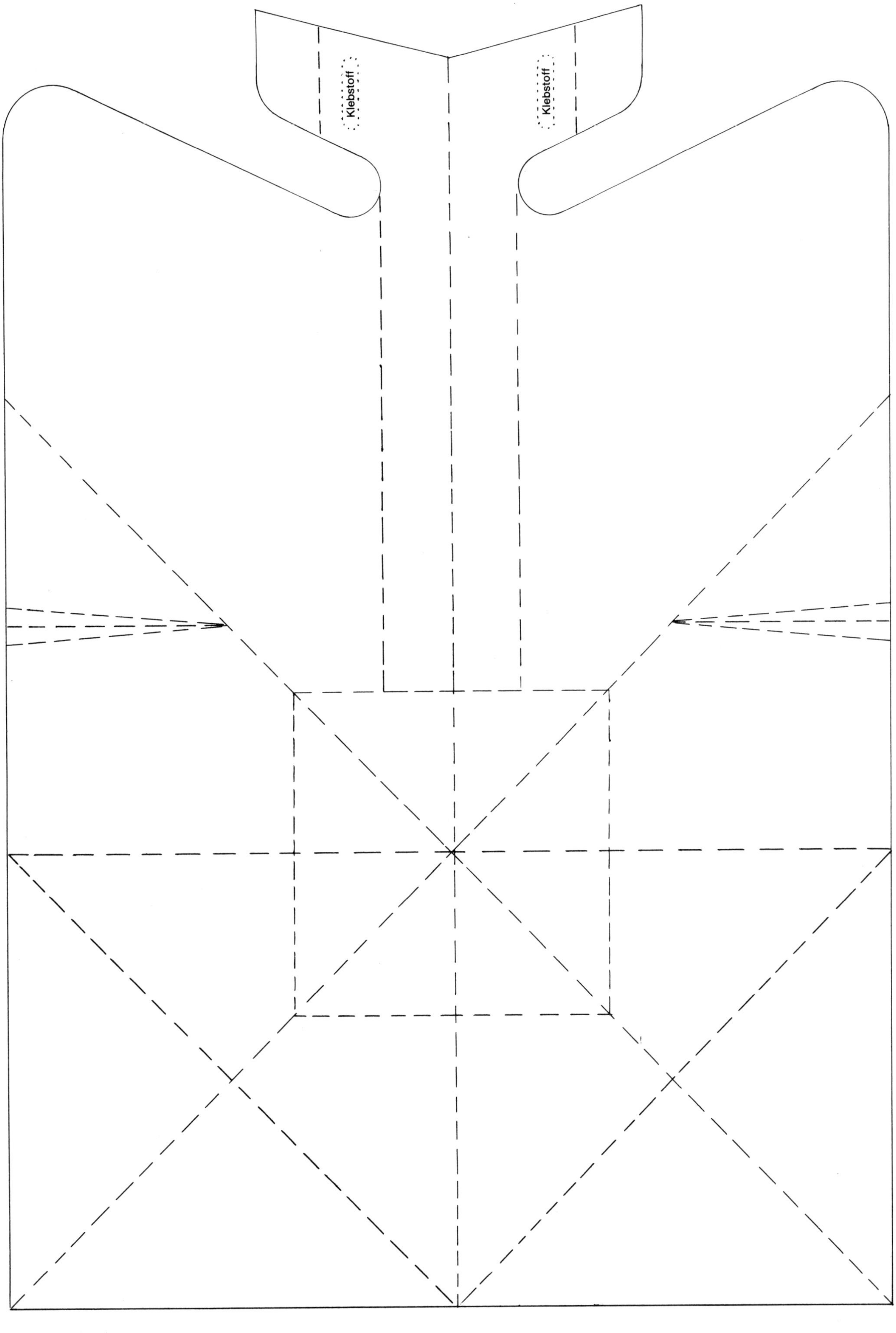

Klebstoff
Klebstoff

Flieger 12

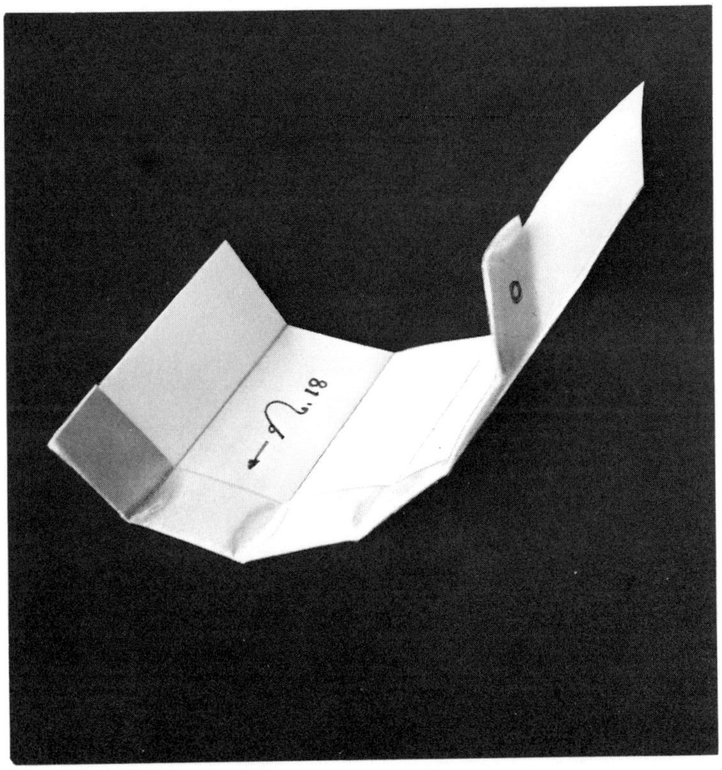

Nori Sinoto
New York City

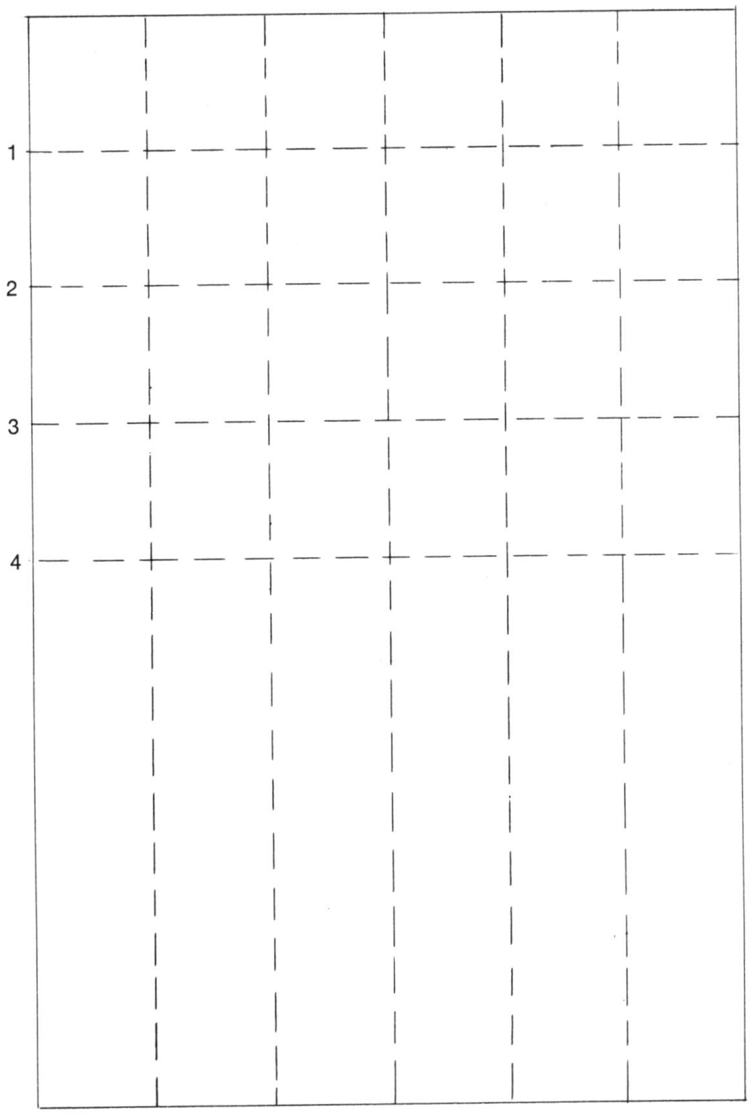

Falte an 2, danach an 1 und 3 zusammen. Nachdem diese Doppelfalte fest gekniffen ist, falze an den vertikalen Linien und forme eine möglichst glatte Kurve nach oben.

Flieger 13

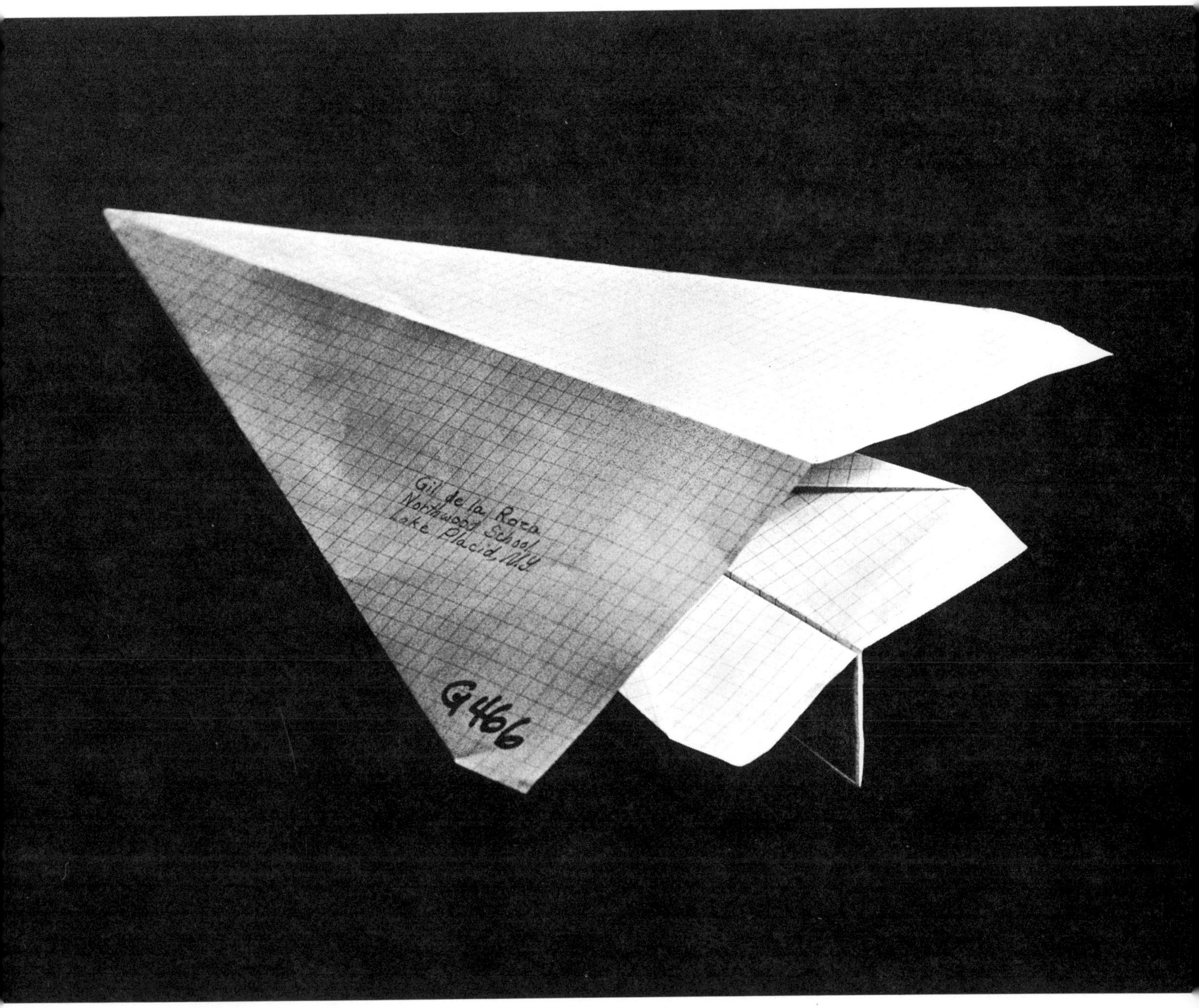

Gil de la Roza
Nothwood School
Lake Placid, New York

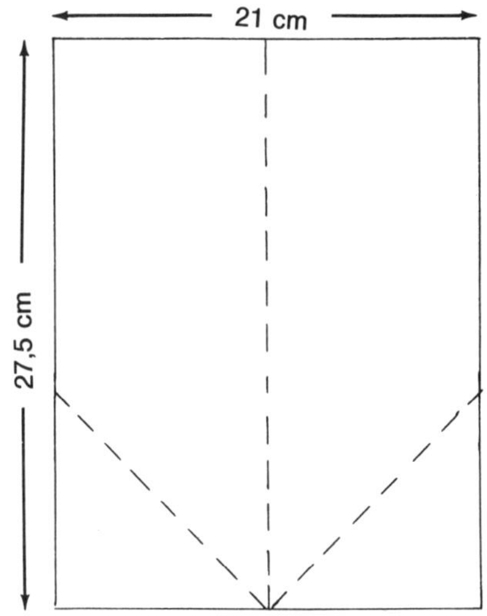

1. Falte an der Mittellinie und wieder zurück

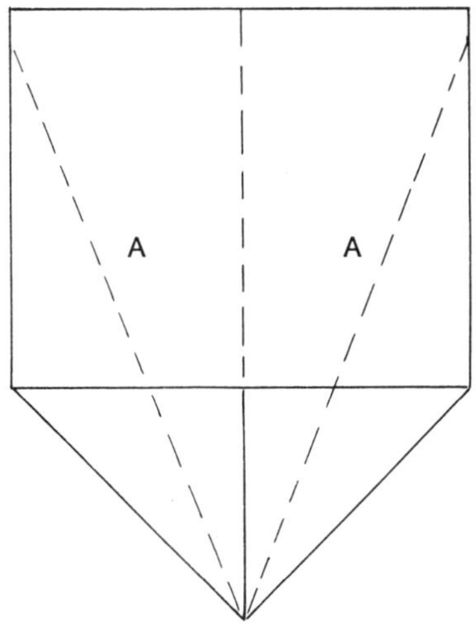

2. Die Ecken werden zur Mittellinie geklappt, das gleiche noch einmal an A

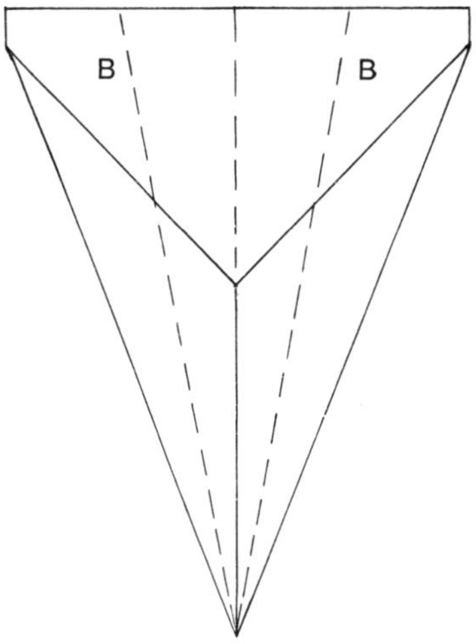

3. An der Mittellinie nach oben klappen und an B nach unten, . . .

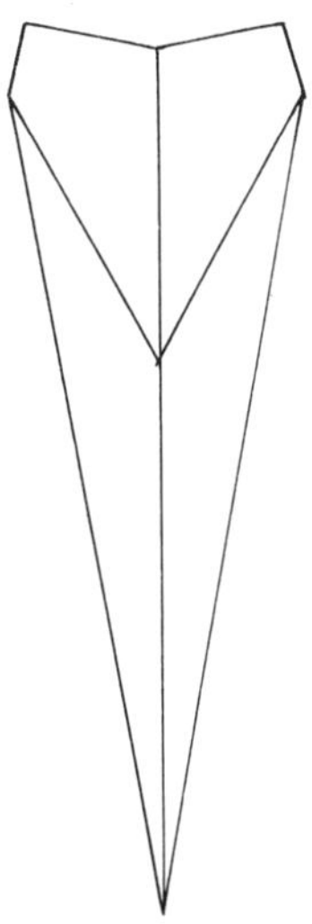

4. . . . damit dies entsteht

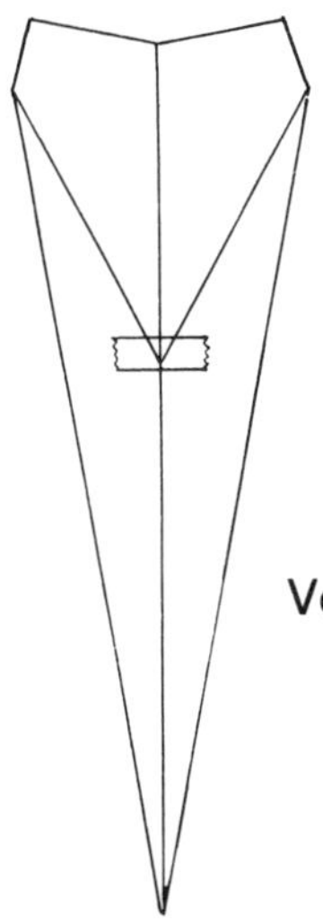

Von oben

5. Ein Stück Tesafilm zum Festhalten

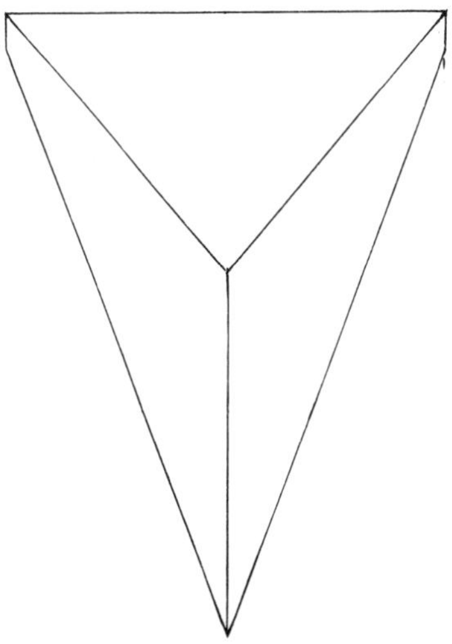

6. Verfahre noch einmal so, allerdings nur bis zum Schritt 3 mit einem neuen 21 × 27,5 cm Bogen. Es muß dann so aussehen

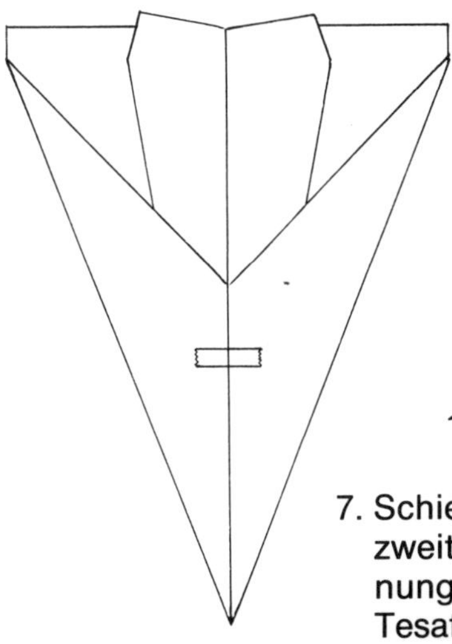

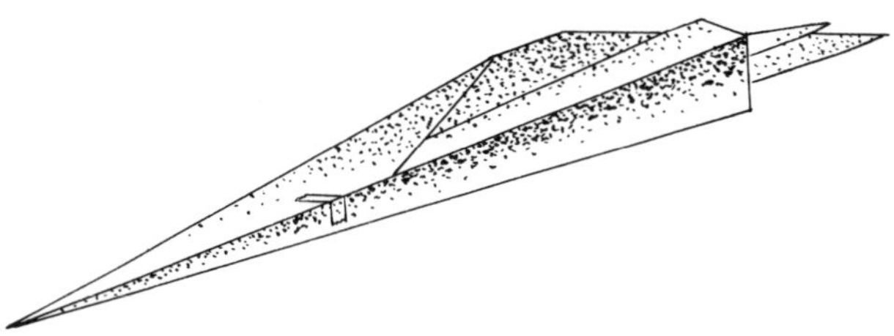

7. Schiebe den ersten Teil in den zweiten. Die nächste Zeichnung verdeutlicht, wie mit Tesafilm die Klappen des zweiten Teils an die Rumpfkante des ersten geklebt werden.

Flieger 14

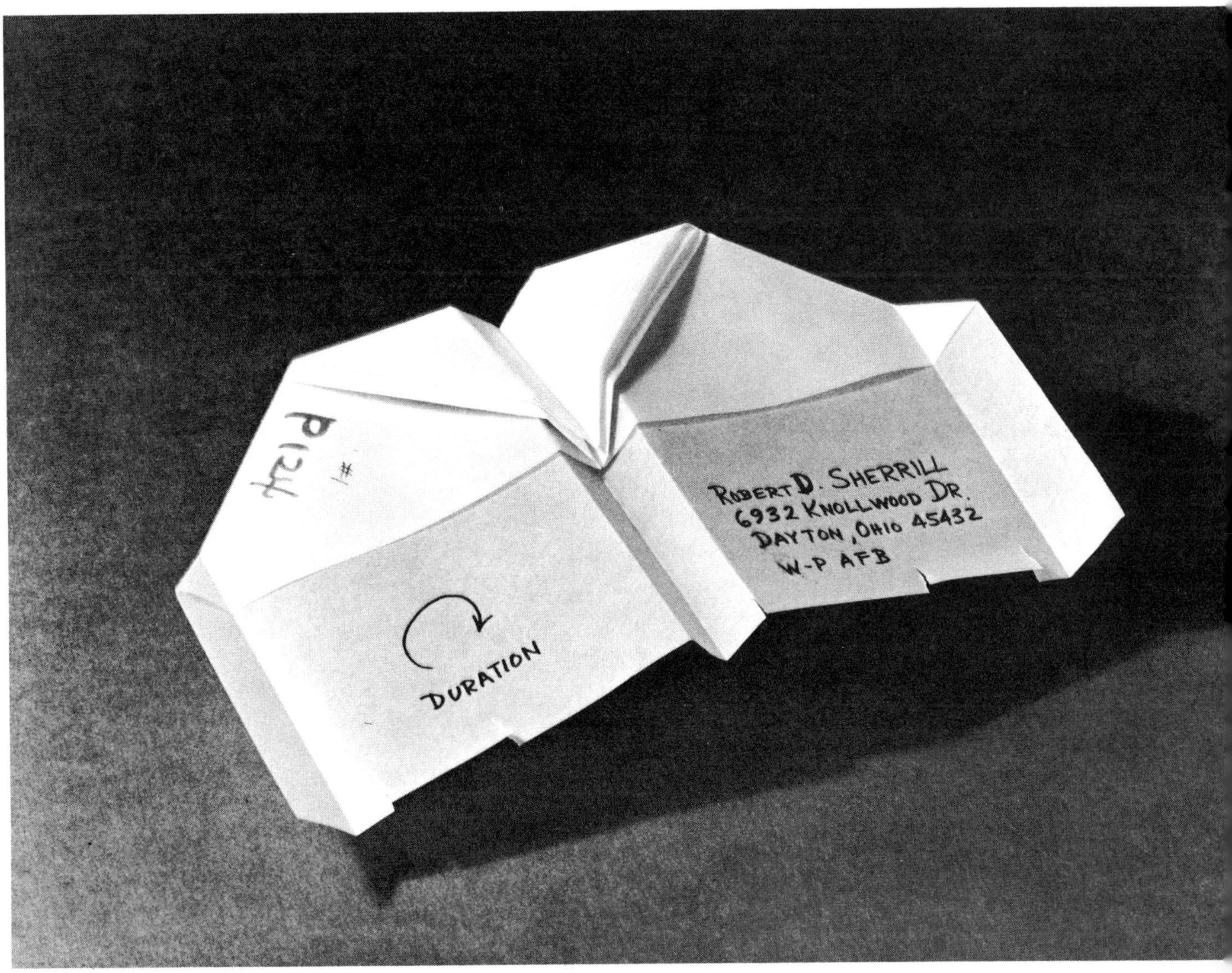

Robert D. Sherrill
Dayton, Ohio
(bei Wright-Patterson Air Force Base beschäftigt)

Das Original war aus Transparentpapier gefertigt

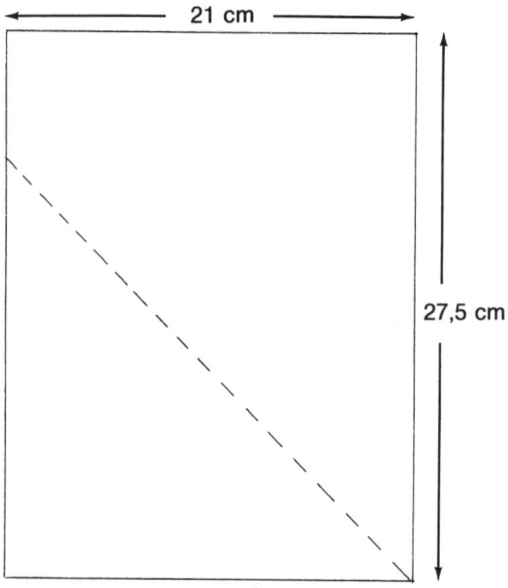

1. An gestrichelter Linie nach oben falten

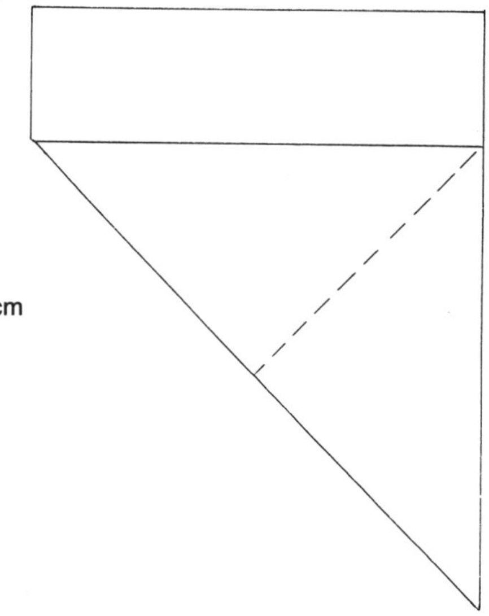

2. Noch einmal falten

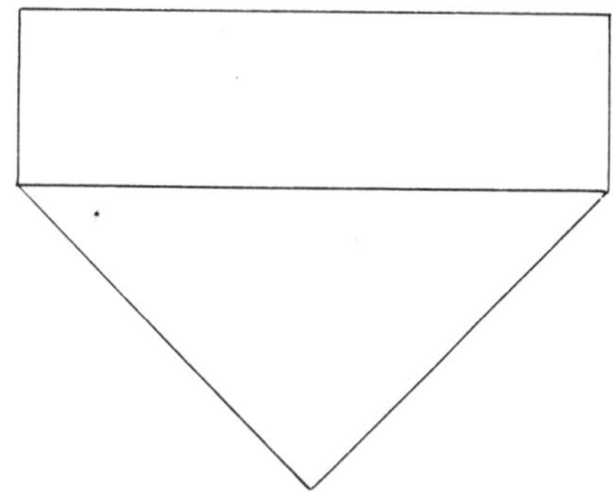

3. Jetzt sieht es so aus. Alles wird wieder aufgefaltet.

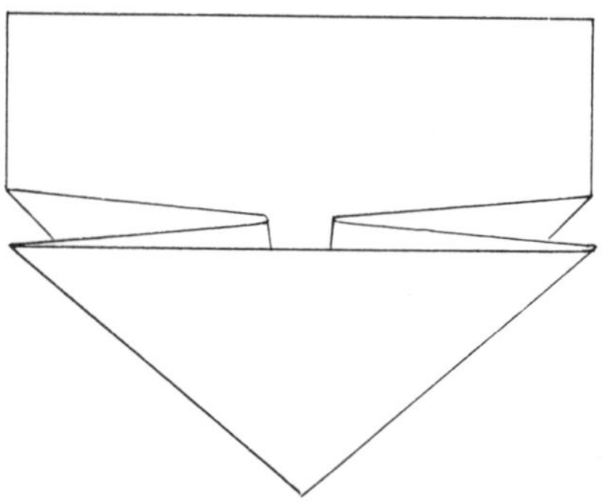

4. Schlage bei Flieger 5 nach, wie man dies erhält.

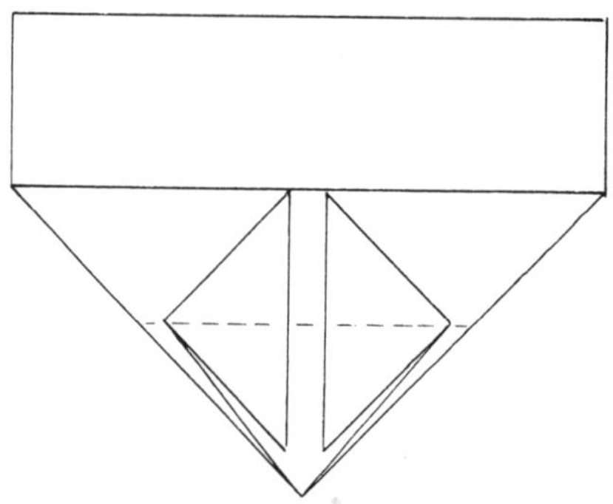

5. Die Ecken so nach unten falten, daß sich die Kanten gerade nicht berühren.

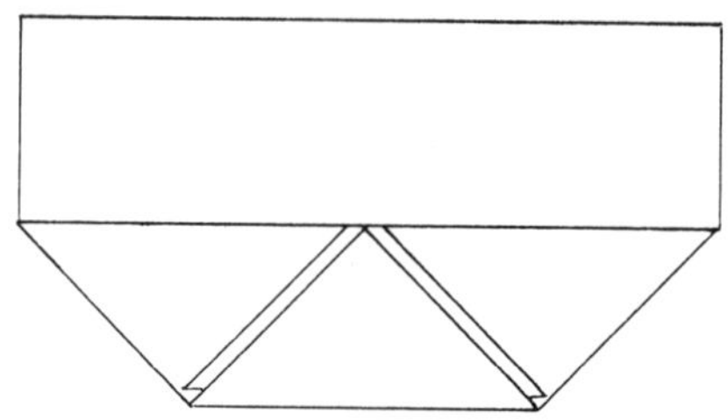

6. Spitze nach oben umklappen.

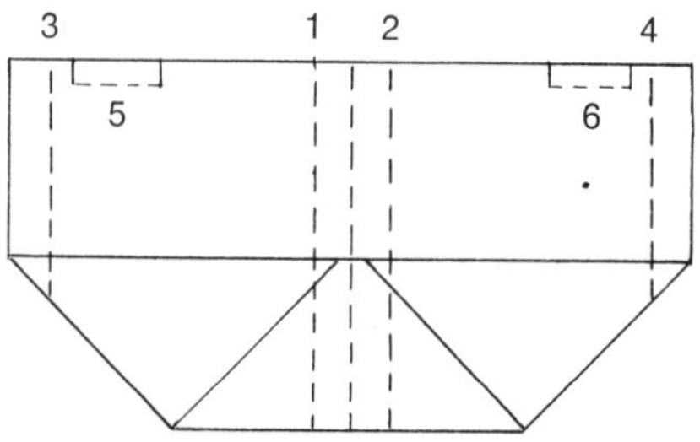

7. An der Mittellinie nach oben klappen, an 2 und 3 die Flügel nach unten, die Flügelkanten an 3 und 4 nach oben. Schneide die Seiten der Flügelklappen ein und biege die Klappen etwas nach oben.

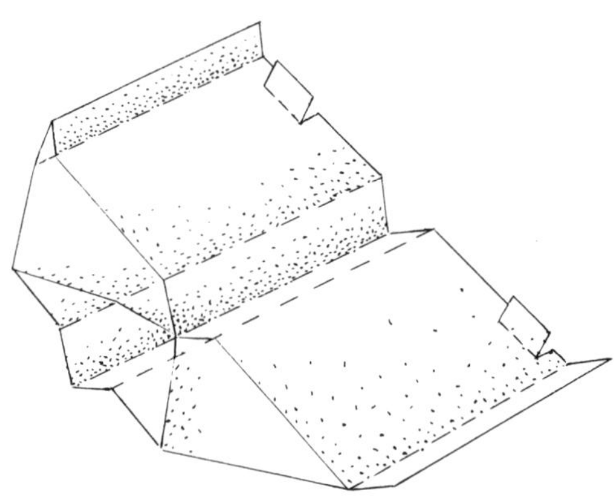

Flieger 15

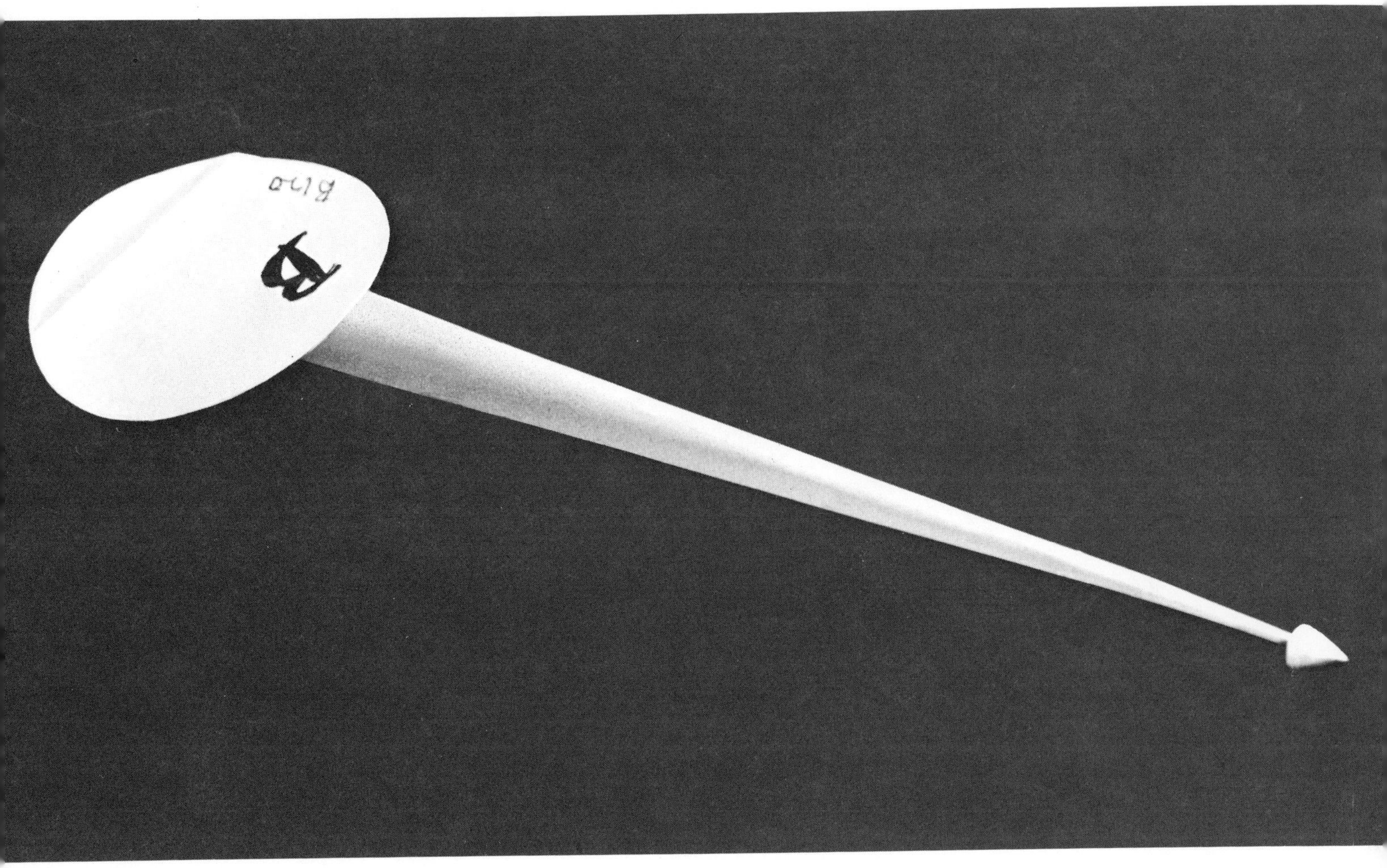

Yvon Belisle
Montreal, Kanada
(Telemetropole Corp.)

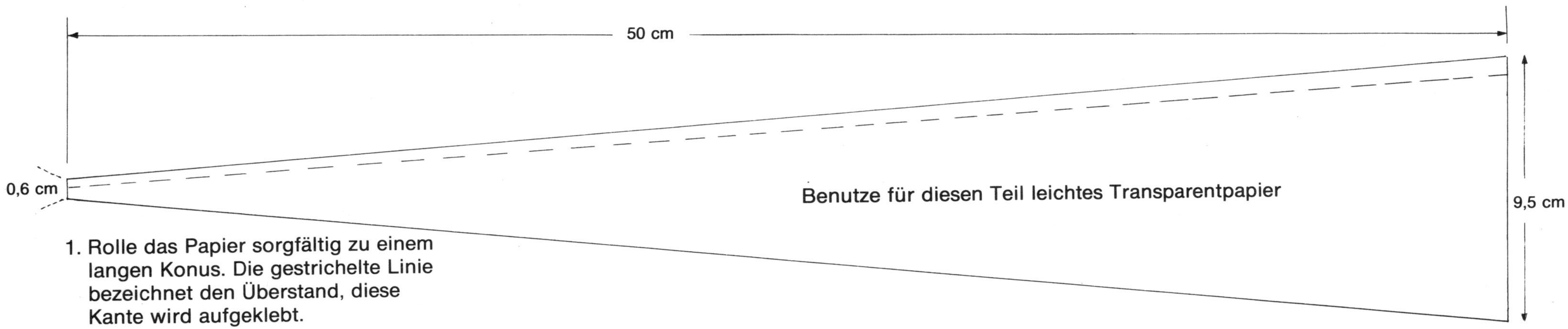

1. Rolle das Papier sorgfältig zu einem langen Konus. Die gestrichelte Linie bezeichnet den Überstand, diese Kante wird aufgeklebt.

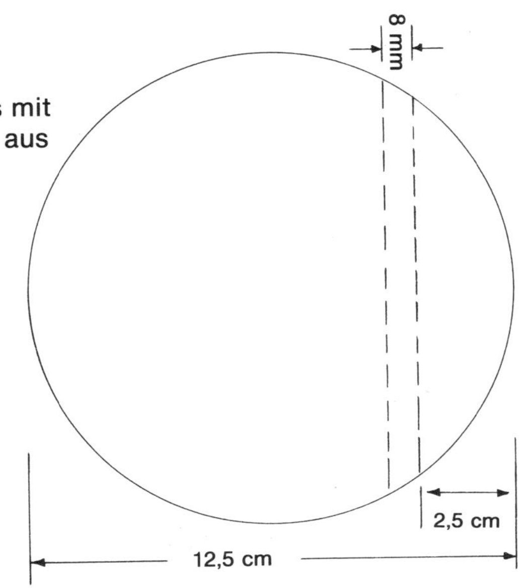

2. Schneide diesen Kreis mit 12,5 cm Durchmesser aus und falze an den gestrichelten Linien. Benutze stärkeres Papier.

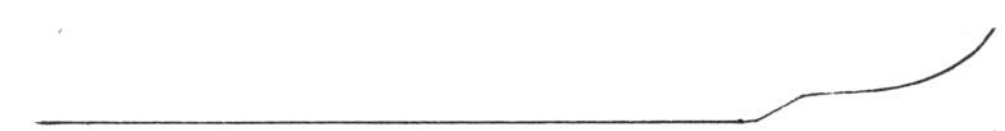

3. Forme den Kreis so

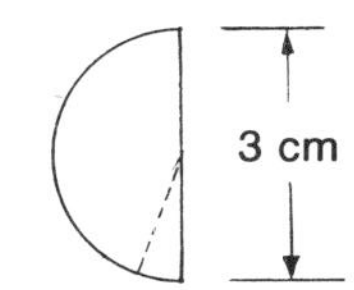

4. Schneide einen Halbkreis aus Transparentpapier und klebe ihn an der gestrichelten Linie zu einem Konus zusammen. Das ist die Flugzeugspitze.

5. Klebe den großen Kreis so auf den Rumpf

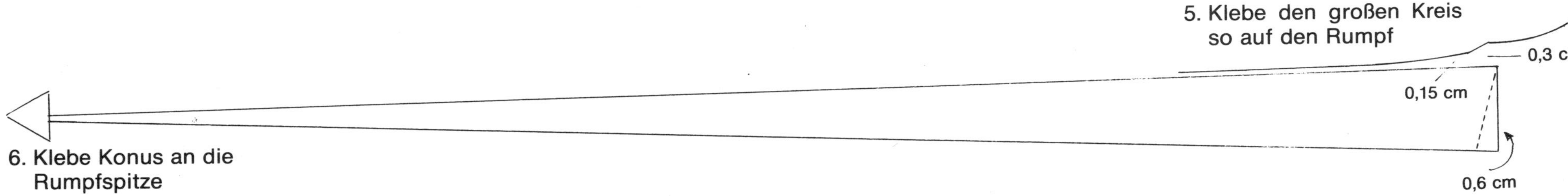

6. Klebe Konus an die Rumpfspitze

Flieger 16

Chuck Casell
New York
(Doyle Dane Bernbach, Medienabteilung)

So wird's gemacht

An der Mittellinie nach unten und wieder zurück falten. An 1 nach unten umlegen und – unter Beibehaltung dieser Faltung – an 2 nach unten umlegen. An der Mittellinie nach unten und an 3 – halbwegs – nach oben falten. An 4 werden die Stabilisatoren rechtwinklig nach unten gestellt.
Jetzt an 5 einschneiden und die entstandene Lasche nach einer Seite umlegen.

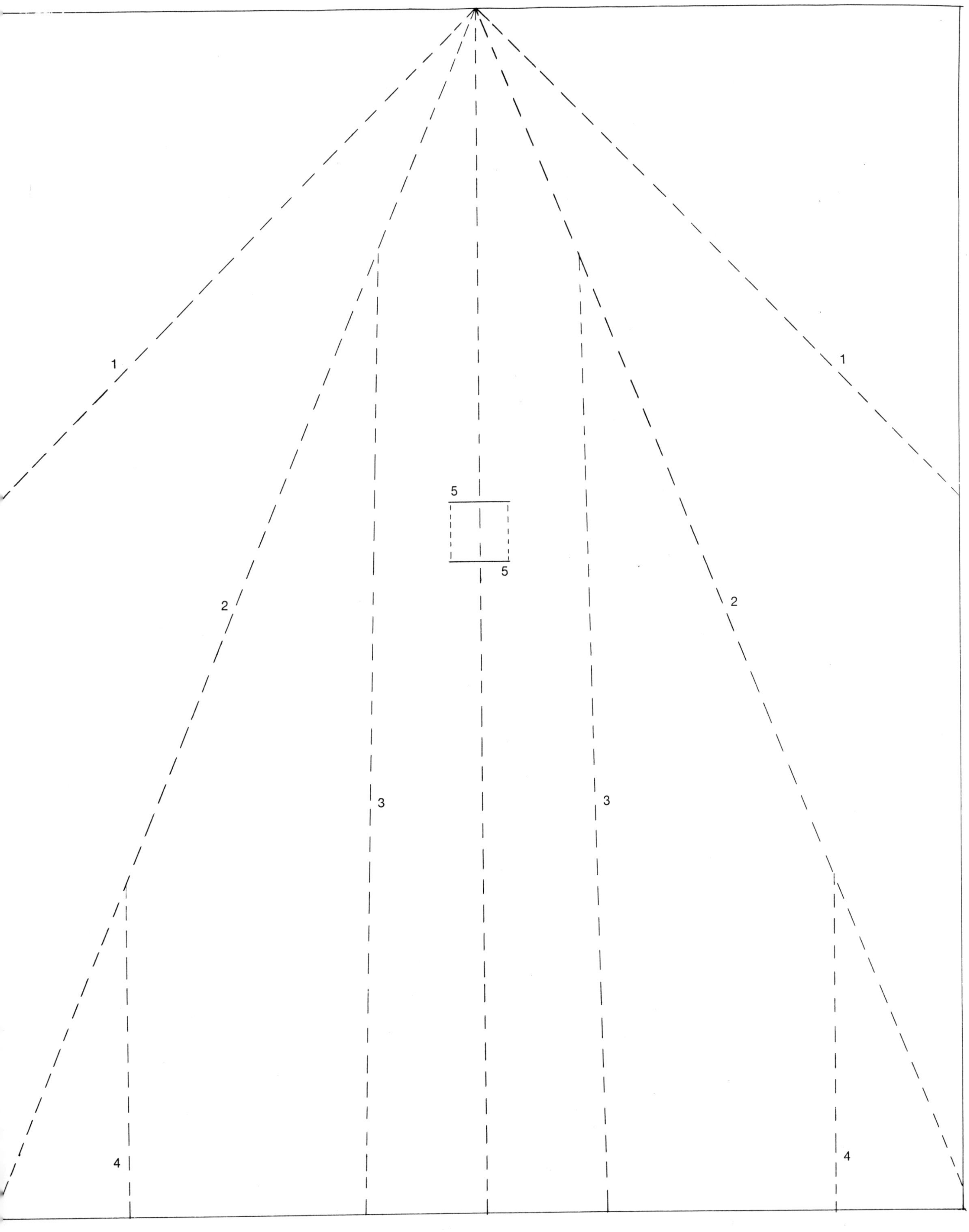
1
1
5
5
2
2
3
3
4
4

Flieger 17

William C. Etherington
Englewood, Colorado
(Martin Company)

So wird's gemacht

An allen durchgezogenen Linien wird geschnitten. Von oben an wird an den gestrichelten Linien heruntergefaltet bis 1 erreicht ist. An der Mittellinie nach oben und an 2 und 3 herunter falten. Mit Klebeband die Falte an der Nase sichern. Von 4 an den Flügel rund nach oben biegen (s. Photo).

Flieger 17

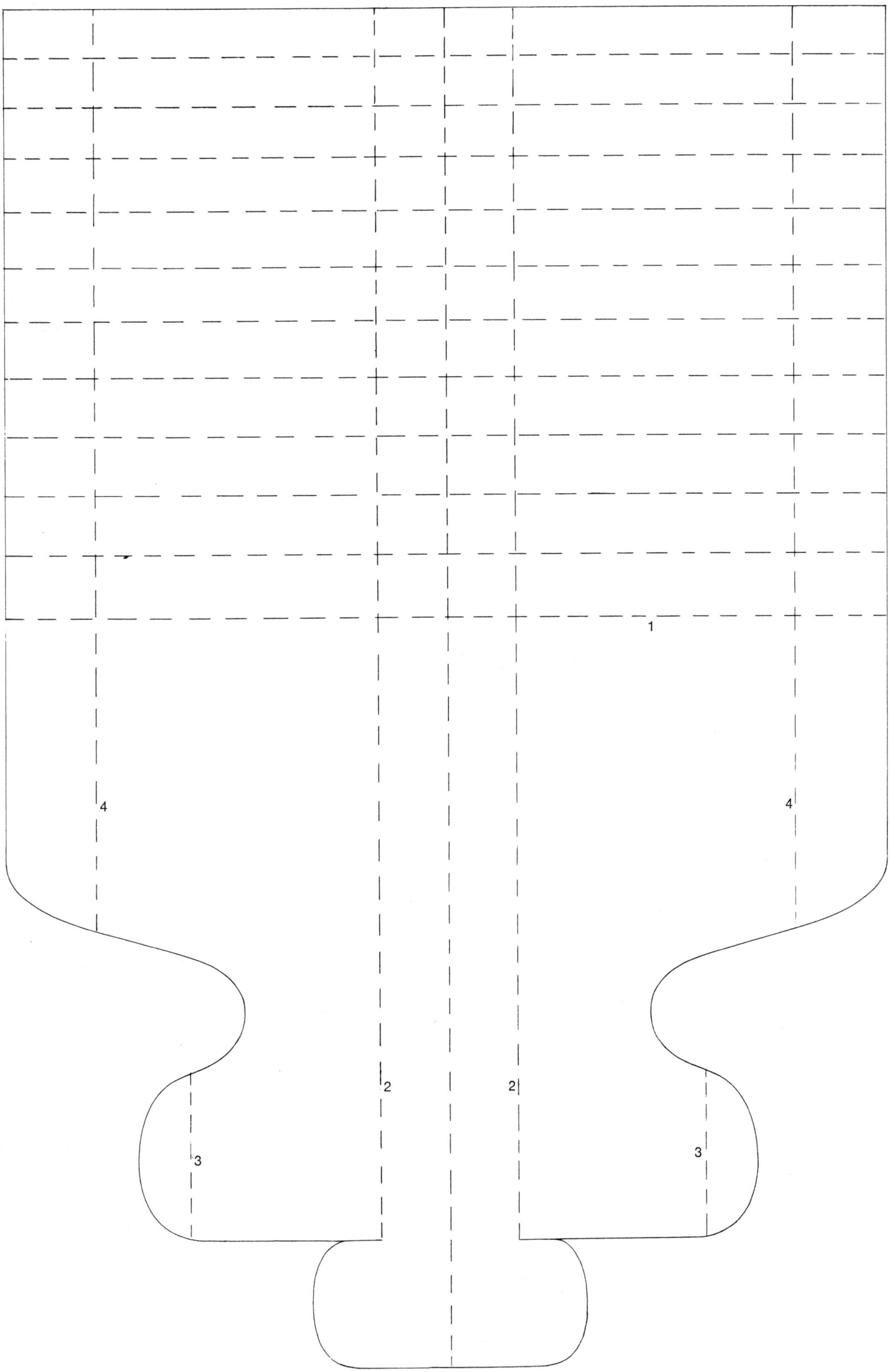

Flieger 18

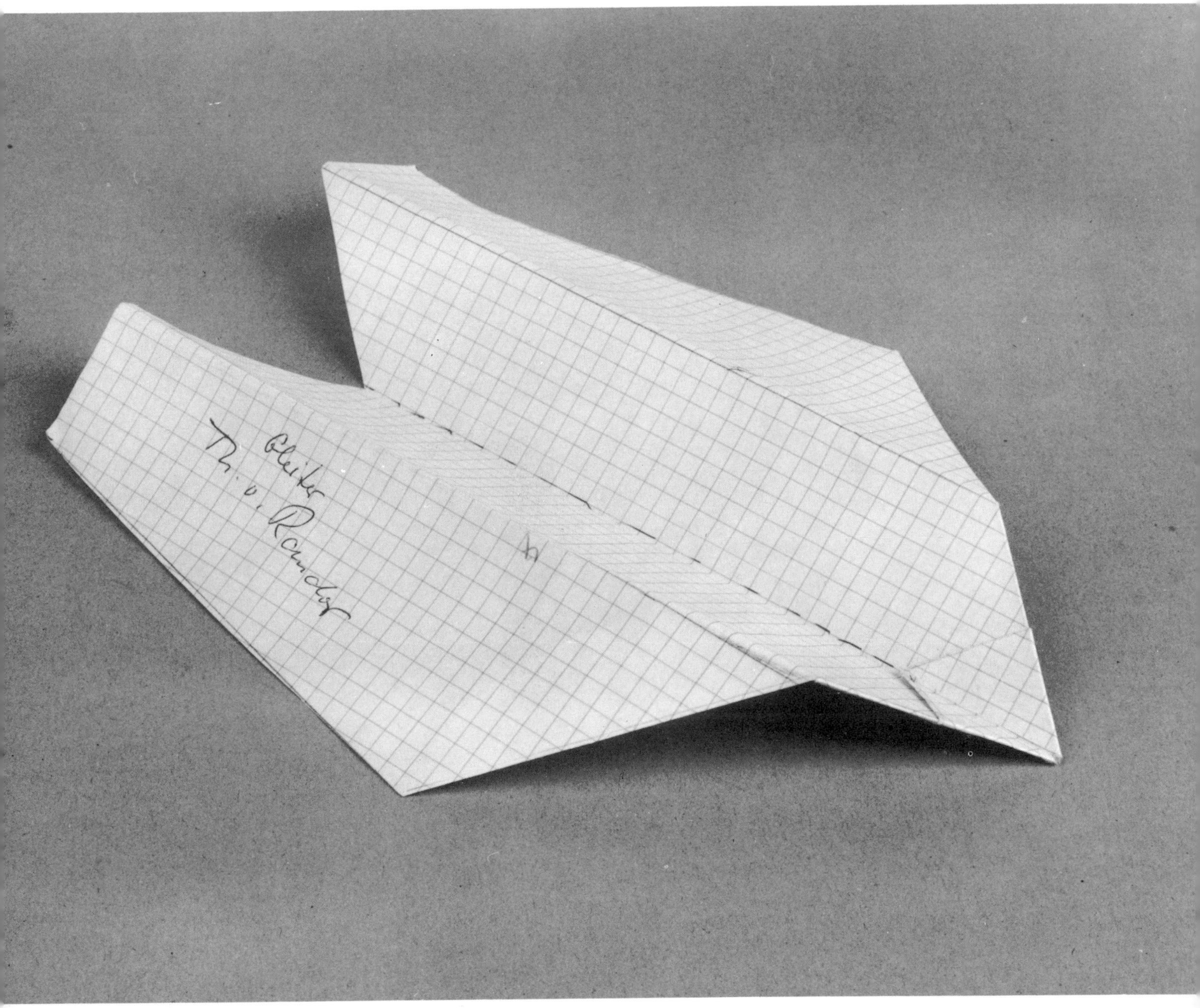

Thomas von Randow
Hamburg
(Die Zeit)

So wird's gemacht

Alle durchgezogenen Linien werden geschnitten. An der Mittellinie nach oben und dann wieder zurück falten. An 1 nach unten umlegen, an 2 nach oben und an 3 wieder nach unten (3 ist nicht parallel zu 1, weshalb die Ecken etwa 8 mm voneinander entfernt sind). 4 wird jetzt so nach unten gefaltet, daß bei zusammengekniffenem Rumpf die Flügel leicht nach oben angewinkelt sind. Der Flieger wird dort am Rumpf gefaßt, wo die Kreuze sind und mit der Spitze nach vorn geworfen. Daß sich der Rumpf beim Flug etwas entfaltet, ist beabsichtigt.

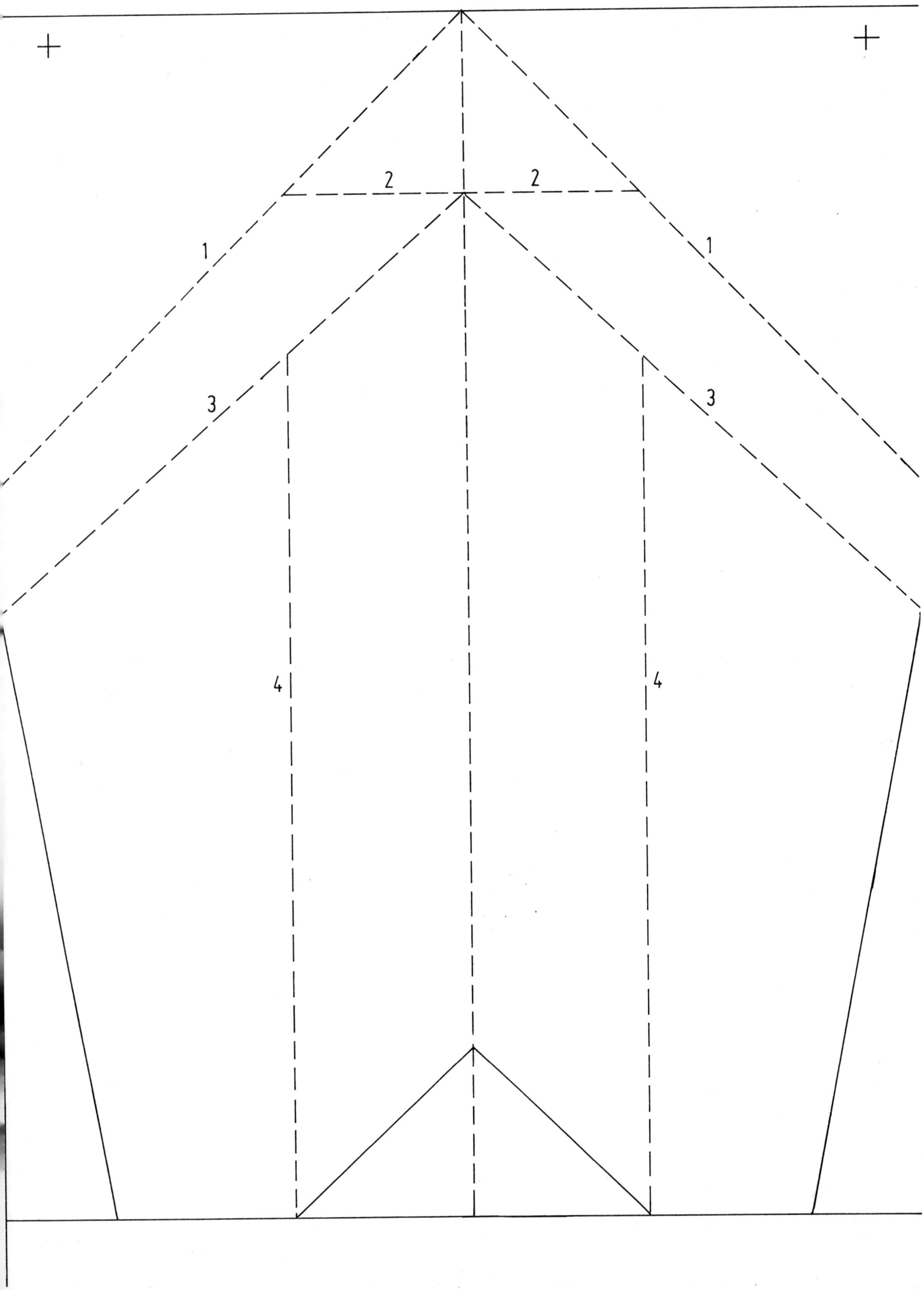
1
1
2
2
3
3
4
4

Flieger 19

Thomas von Randow
Hamburg
(Die Zeit)

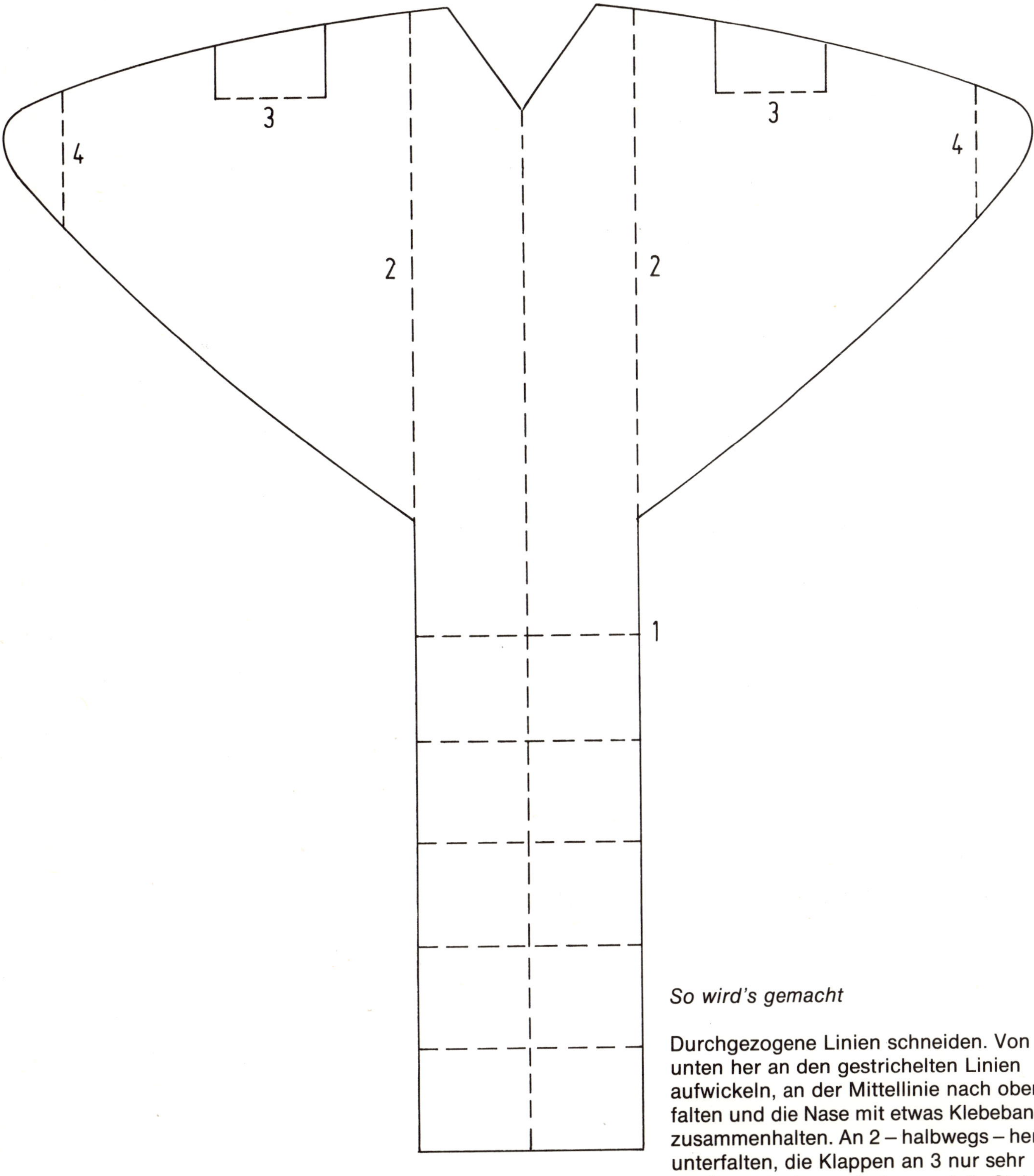

So wird's gemacht

Durchgezogene Linien schneiden. Von unten her an den gestrichelten Linien aufwickeln, an der Mittellinie nach oben falten und die Nase mit etwas Klebeband zusammenhalten. An 2 – halbwegs – herunterfalten, die Klappen an 3 nur sehr wenig nach oben anheben und die Stabilisatoren an 4 senkrecht nach oben klappen. Der Flieger reagiert sehr empfindlich auf die Flügelklappen, nur geringfügige Veränderungen verursachen Anstieg, Abstieg, Kurven und Absturz.

Flieger 20

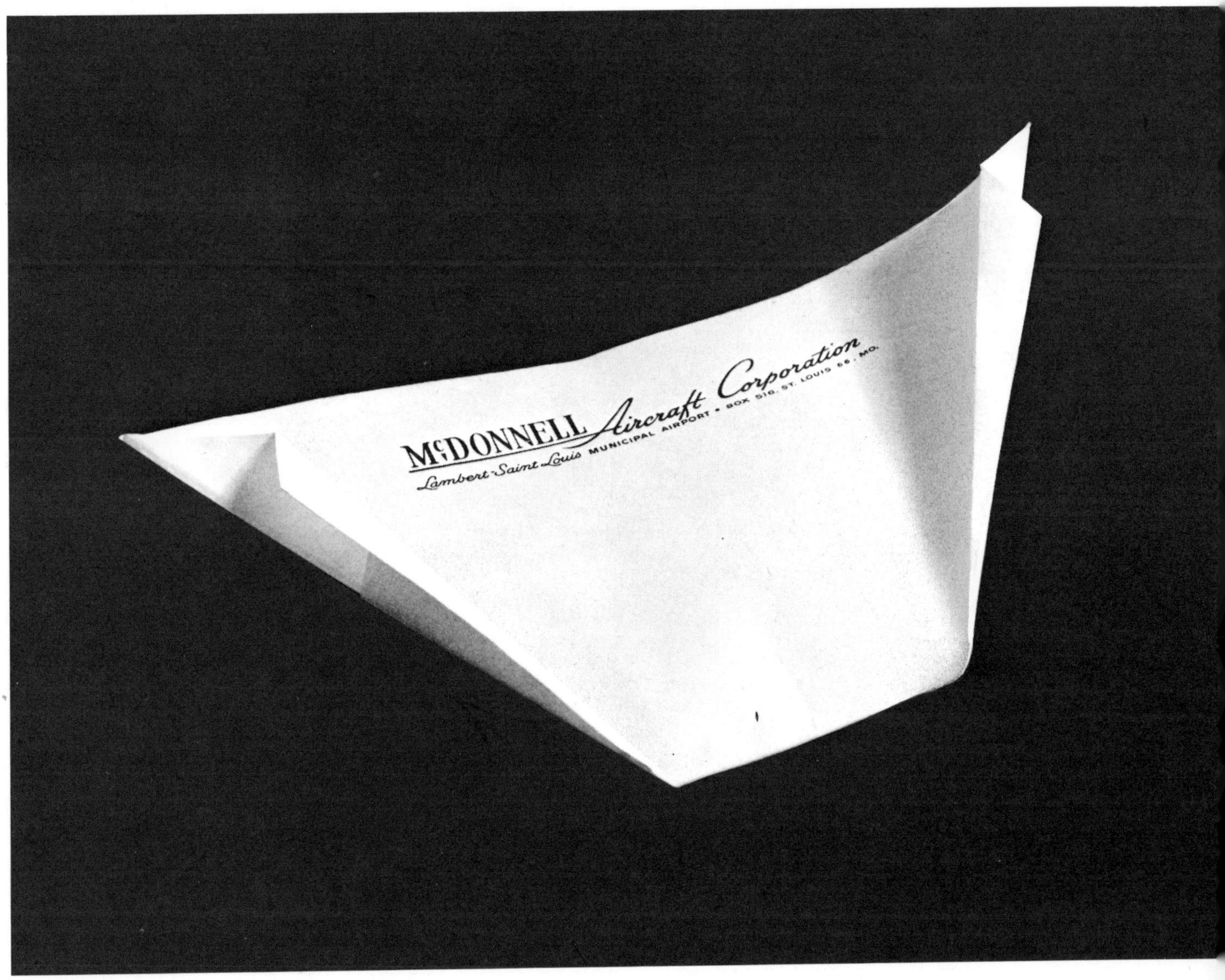

Irl R. Otte
St. Louis, Missouri
(McDonnell Aircraft Corporation)

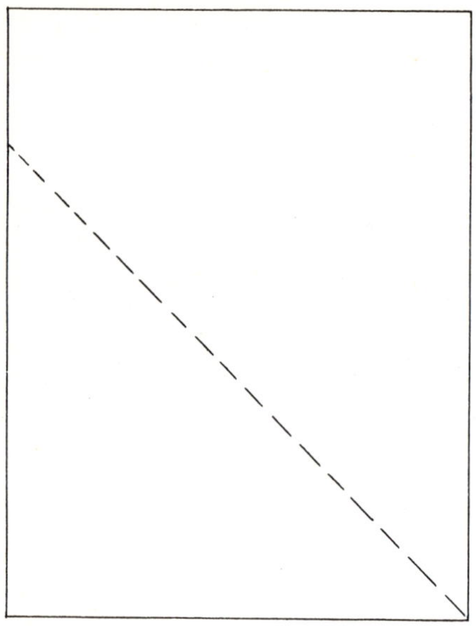

1. 21×27,5 cm Bogen

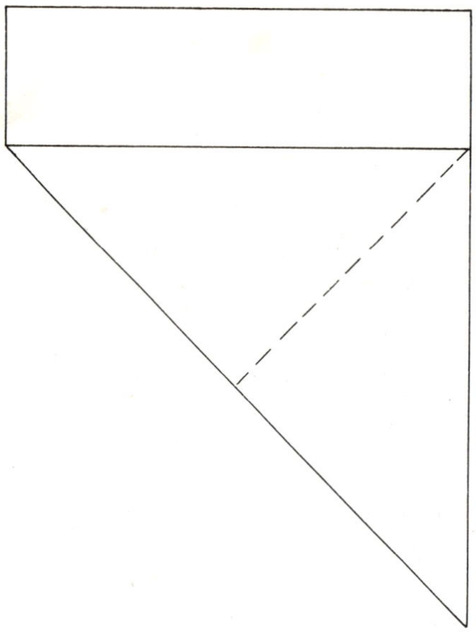

2.

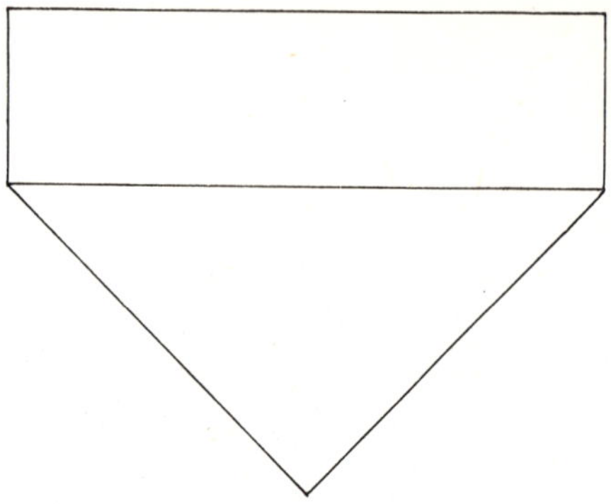

3.

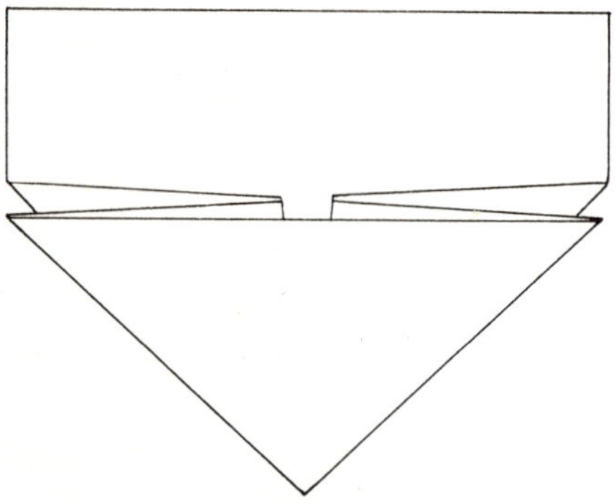

4. Wie das gemacht wird, ist bei Flieger 5 nachzulesen

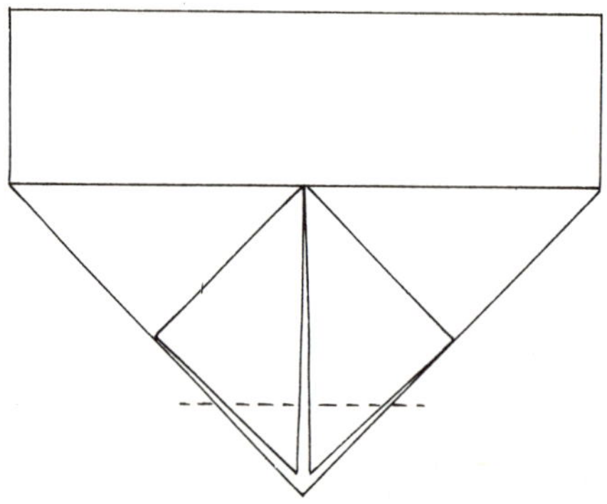

5. Spitze (beide Teile) nach oben umklappen

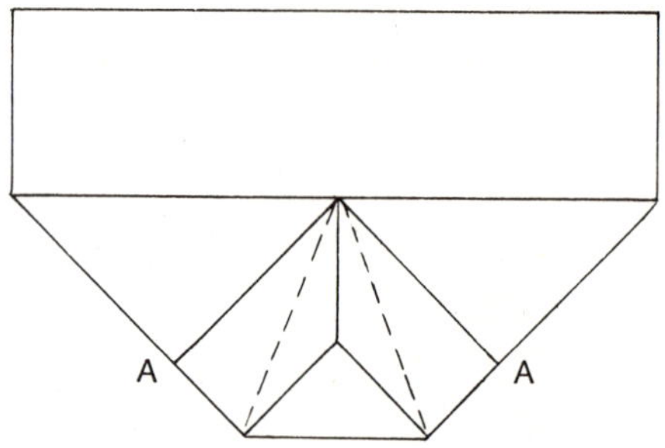

6. Spitzen A zur Mitte hin falten, . . .

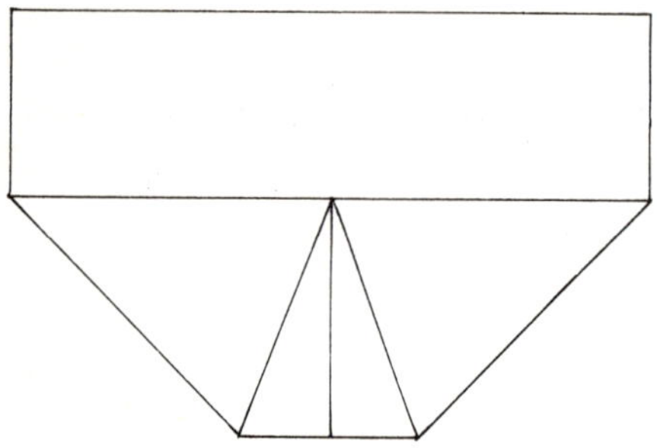

7. . . . damit es so aussieht

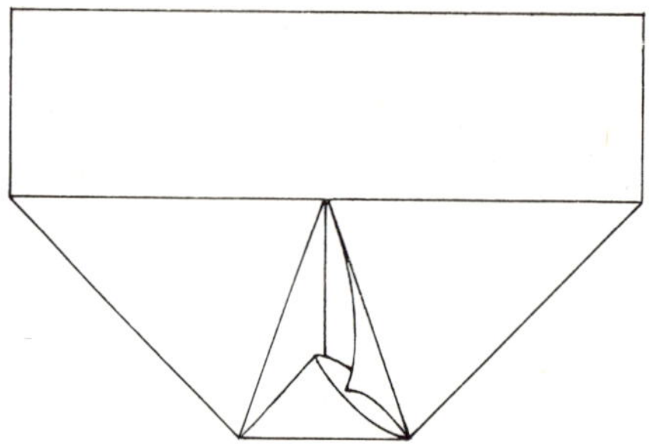

8. Stecke die Seitenspitzen in die Falte der darunterliegenden Spitze . . .

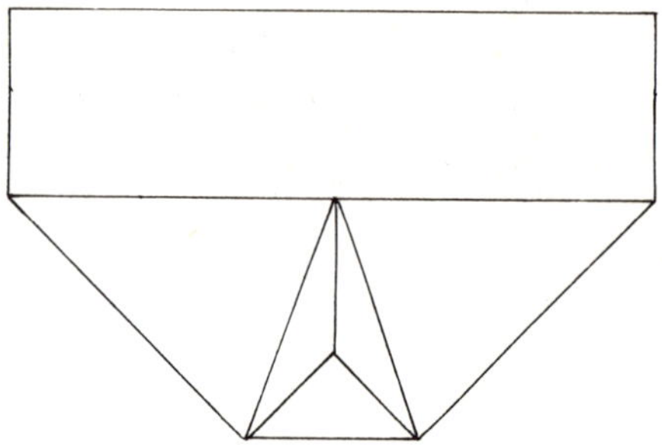

9. . . . so, daß dies dabei herauskommt

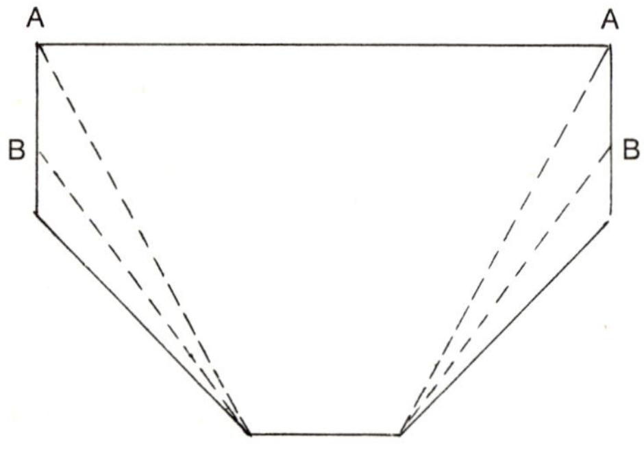

10. Flieger umdrehen, in A und B falzen und an A nach innen, an B nach außen falten

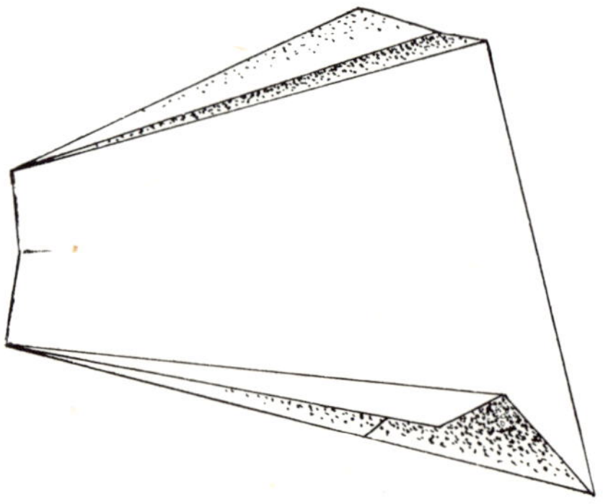

11. Ein Kniff in der Mitte der Vorderkante gibt dem Flügel eine leichte Kurvenform

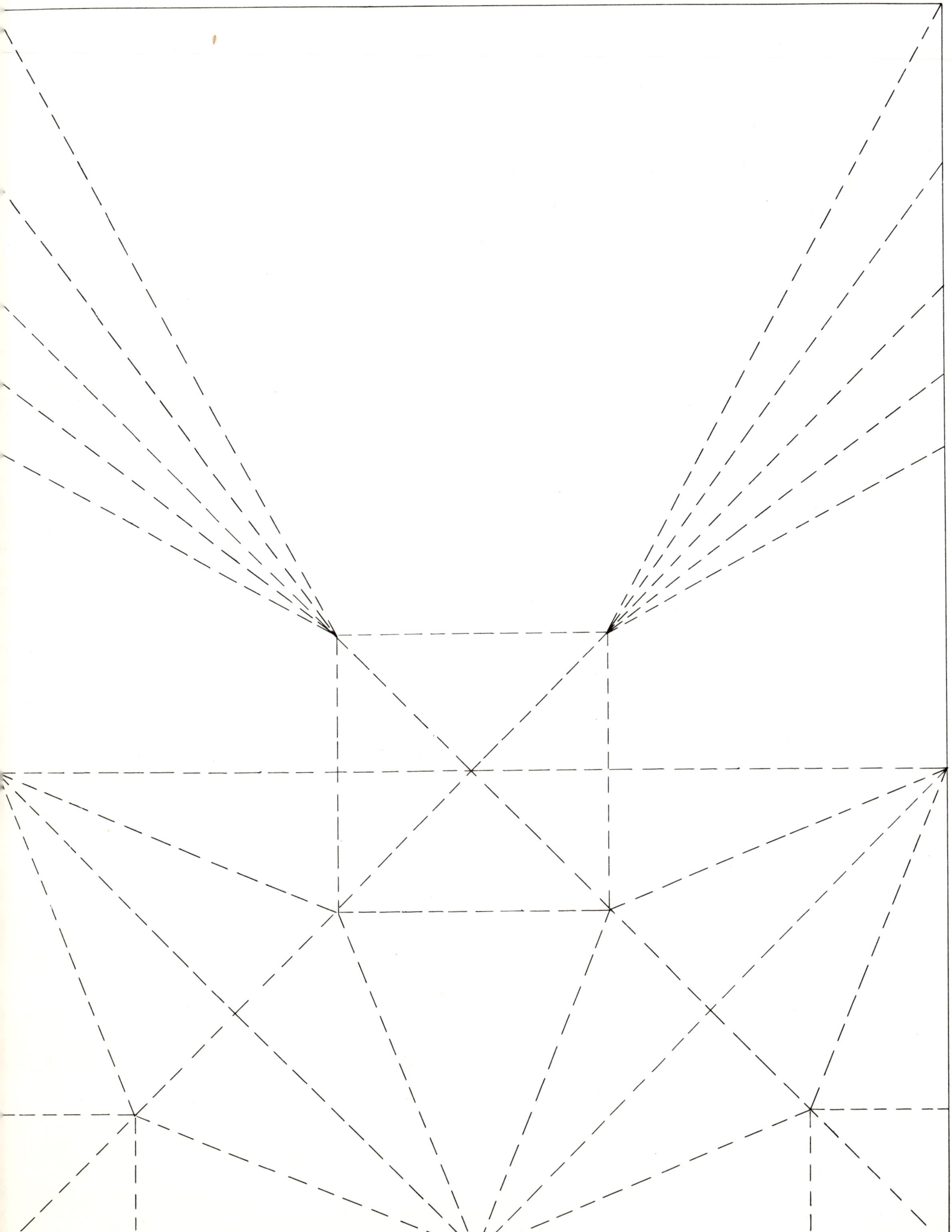